废旧橡胶水泥混凝土界面与性能

张海波 著

北　京

冶　金　工　业　出　版　社

2018

内 容 提 要

本书系统地介绍了新拌状态废旧橡胶混凝土工作性能变化规律及机理、废旧橡胶混凝土界面结构特点及形成机理、废旧橡胶混凝土性能变化规律及影响机制、热处理条件下废旧橡胶混凝土结构与性能的演变以及橡胶混凝土耐久性能。全书共7章，内容包括：绪论、原材料及其性能、橡胶-水泥石界面过渡区研究、表面改性对橡胶-水泥石界面及混凝土性能影响研究、低温热处理对橡胶-水泥石界面及混凝土性能的影响、橡胶砂浆的耐久性能试验、橡胶砂浆微观孔结构测试与耐久性机理分析。

本书可供材料科学与工程、土木工程专业技术人员阅读，也可供大专院校相关专业师生学习参考。

图书在版编目(CIP)数据

废旧橡胶水泥混凝土界面与性能/张海波著. —北京：
冶金工业出版社，2018.9
ISBN 978-7-5024-7887-2

Ⅰ.①废… Ⅱ.①张… Ⅲ.①粉末橡胶—复合水泥—混凝土—界面结构—研究 ②粉末橡胶—复合水泥—混凝土—性能—研究 Ⅳ.①TU528.59

中国版本图书馆 CIP 数据核字（2018）第 217238 号

出版人 谭学余
地　　址　北京市东城区嵩祝院北巷 39 号　邮编　100009　电话　(010)64027926
网　　址　www.cnmip.com.cn　电子信箱　yjcbs@cnmip.com.cn
责任编辑　赵亚敏　美术编辑　彭子赫　版式设计　禹　蕊
责任校对　卿文春　责任印制　牛晓波
ISBN 978-7-5024-7887-2
冶金工业出版社出版发行；各地新华书店经销；三河市双峰印刷装订有限公司印刷
2018 年 9 月第 1 版，2018 年 9 月第 1 次印刷
169mm×239mm；10.25 印张；199 千字；153 页
49.00 元

冶金工业出版社　投稿电话　(010)64027932　投稿信箱　tougao@cnmip.com.cn
冶金工业出版社营销中心　电话　(010)64044283　传真　(010)64027893
冶金书店　地址　北京市东四西大街 46 号(100010)　电话　(010)65289081(兼传真)
冶金工业出版社天猫旗舰店　yjgycbs.tmall.com
（本书如有印装质量问题，本社营销中心负责退换）

前　言

　　橡胶混凝土材料在韧性、抗冲击性、耐磨性、吸声降噪、保温隔热、阻尼、耐久等方面表现出了优良性能，具有广阔的应用前景。但废旧橡胶颗粒会导致水泥混凝土强度剧烈降低，而克服这个难题的关键在于橡胶-水泥石界面改善，目前关于橡胶-水泥石界面结构及其形成机理仍缺乏研究；同时在橡胶改善水泥混凝土耐久性机理方面也缺乏深入研究。以上两点严重限制了橡胶混凝土的推广应用。

　　作者针对以上问题进行了多年研究，并在大量实验基础上总结形成了本书。本书采用显微硬度、扫描电子显微镜、能谱仪、X射线衍射等分析方法对橡胶-水泥石界面结构进行了大量微观观测，运用界面张力理论分析研究了其形成机理，建立了橡胶-水泥石界面过渡区物理模型，将橡胶-水泥石界面过渡区分为四个厚度区域。提出了铺展接触角的概念，通过水在橡胶颗粒表面铺展过程中的能量变化公式推导，得到了界面过渡区主要厚度计算公式，初步建立了橡胶-水泥石界面过渡区数学模型；开发了两种界面改善方法，并就其对橡胶-水泥石界面以及混凝土性能的影响进行了研究。尤其采用低温热处理的创新性方法，使橡胶-水泥石界面过渡区孔隙被橡胶颗粒分子及其热解产物充填，界面过渡区厚度减小，界面孔隙消失，界面结合改善，综合性能显著提高；通过橡胶颗粒对水泥混凝土孔吸水性影响分析，阐释了橡胶混凝土耐久性改善机理。

　　本书由张海波副教授撰写，管学茂教授对本书编写进行了悉心指导。丁雪晨硕士、尚海涛硕士、师广岭硕士协助作者进行了大量实验和数据整理工作，并参与了文字和图表编辑。在此对他们的贡献表示衷心感谢。

　　由于作者水平有限，本书难免有不足和疏漏之处，敬请读者批评指正。

作　者

2018 年 7 月

目　录

1 绪 论

1.1 研究背景

据世界卫生组织统计，2010 年，全世界废旧轮胎的积存量已达 30 亿条，并且还在以每年约 10 亿条的速度不断增长。中国每年产生的废旧轮胎以 8%~10% 的速度递增。2010 年，中国废旧轮胎产生量约达 2.5 亿条[1]。废旧橡胶（主要是废旧轮胎）的处理问题越来越受到社会关注，我国对废橡胶的回收利用高度重视，废橡胶的回收利用项目已列入《中国 21 世纪议程》方案，并被列为循环经济的重点发展领域。2010 年 12 月我国工业和信息化部发布了《废旧轮胎综合利用指导意见》，2011 年 12 月国家发改委在《"十二五"资源综合利用指导意见》中将废旧轮胎再次列入再生资源回收利用重点领域。

将废旧橡胶颗粒作为骨料用于水泥混凝土材料是一种资源节约、环境友好的利用途径，不但能够大量利用废旧橡胶，而且为解决混凝土固有的脆性问题提供了新的方法。国内外学者在这方面进行了大量研究，发现橡胶混凝土具有很多优点。本书中的研究来源于国家"十一五"科技支撑计划课题"高性能水泥混凝土路面及其应用关键技术的研究"，其研究内容之一是利用废旧轮胎橡胶轻集料从柔韧性、透水性、抗裂性、降噪、防滑、提高使用寿命等几个方面综合改善混凝土路面的性能。橡胶-水泥石界面结合的改善是其中一个关键技术，而橡胶-水泥石界面特点及其形成机理的研究是突破此关键技术的理论基础，目前这方面的研究还很缺乏。本书中的研究正是从橡胶-水泥石界面过渡区结构观测及其形成机理分析入手，研究了两种界面改善方法及其对橡胶混凝土性能的影响。

1.2 废旧橡胶回收利用现状

废旧轮胎包括磨损的旧轮胎和完全丧失轮胎功能的废轮胎，对于旧轮胎各国都大力提倡翻新再利用；对于完全失去轮胎功能用途的报废轮胎，目前主要处理方式有原形利用、热解、橡胶颗粒、再生胶粉、燃料回收、填埋、堆存等[2,3]。

废旧轮胎翻新可延长轮胎的使用寿命，减少橡胶资源的消耗，避免新轮胎生产造成的环境污染。而且经翻新的轮胎价格仅为新轮胎价格的 1/3 左右，值得大力发展，但目前由于技术问题翻新轮胎的技术发展还很不够，而且翻新使用后的轮胎最终仍然要成为废轮胎，需要处理。废旧轮胎的原形利用主要是将废旧轮胎用于港口码头或堤坝的防护，公路两侧的防撞保护，海中的人造礁石等。可以充分利用轮胎良好的耐腐蚀、弹性强的特点，但利用量很小。橡胶热解可以炼油和制备炭黑，这方面的研究[3~5]还很不成熟，产品质量差，而且产生二次污染，我国目前明令禁止。但在利益驱动下目前各地土法炼油给环境造成了极大危害[6]。再生胶粉是将橡胶颗粒去硫化后的产品，可以作为生胶重新制作橡胶制品。但再生胶的品质较低，在橡胶制品中使用量过多会影响产品性能，而且生产劳动强度大、环境污染严重。发达国家已经逐步关停了再生胶的生产厂家，目前在我国再生胶粉生产仍是废轮胎回收利用的主要途径[3]。废旧轮胎作为燃料燃烧可以产生较高的发热量，但废轮胎作为燃料处理可能产生二噁英、呋喃等持久性有机污染物以及锌、镉、镍、铅等重金属污染物，这种处理方法目前还很难广泛使用。

虽然以上各种处理方法利用、处理了部分废旧轮胎，但由于技术和成本原因，目前仍有大量废旧轮胎被堆存和填埋。废旧轮胎是有毒、有害的固体废物，具有很强的抗热性、抗降解性，埋入地下100年也不会降解。堆存的废旧轮胎不但占用了大量土地，而且会滋生蚊虫和鼠害[7]，造成疾病与瘟疫的传播[8]。另外，大量堆集的轮胎很容易因雷电或纵火等偶然因素而发生火灾，释放大量有毒烟雾。

废旧轮胎破碎后的橡胶颗粒（硫化胶粉）可以用于修建跑道、学校运动场、花园小道、防静电地板砖、人造草坪、游乐场、人造草足球场、幼儿园运动场地及娱乐场网球及篮球场等。是一种既利用橡胶颗粒高弹特性而又不污染环境的有效利用途径，但使用量有限。

目前废旧轮胎的环保型回收利用现状很不乐观。我国目前有几百家轮胎翻新企业，但翻新率仅约3%，不仅远低于世界第一轮胎翻新大国美国约14%的翻新率，也低于世界平均6%的翻新率[1]。2010年，我国再生橡胶粉产量约270万吨，硫化胶粉产量约20万吨，废旧轮胎的翻新率、回收率和利用率都处于较低水平。综上所述，我国废旧轮胎综合利用产业发展远不能适应当前严峻的资源环境形势的要求，急需为废旧轮胎的处理利用寻找新的途径。

1.3 橡胶混凝土性能研究现状

1.3.1 橡胶颗粒来源与成分

在废旧橡胶混凝土研究中，国内外学者使用的橡胶颗粒绝大多数是由废旧轮胎加工而成[9~27]，也有的由鞋底等其他废旧橡胶加工而成[28]，有许多文献[29~43]并没有明确说明所使用橡胶颗粒由何种废旧橡胶制品加工而来，但其文章引言中分析了废旧轮胎的处理难题，可以判断其所使用的橡胶颗粒来源于废旧轮胎。

在所使用的废旧轮胎橡胶颗粒成分方面，有的研究[11,21,24,34,35]使用的废旧轮胎橡胶颗粒中含有钢丝和帘子布层纤维，有的研究[20,23]明确说明只用了胎面胶，多数研究没有明确说明所使用的橡胶颗粒中是否含有钢丝或帘子布层纤维。

目前研究最多的废旧橡胶颗粒都是由废旧轮胎加工而来，而且目前橡胶颗粒加工厂家在破碎轮胎时通常会首先将钢丝或帘子布层分离去除，通常所售出的橡胶颗粒在没有特殊要求时不含钢丝和帘子布层纤维。

1.3.2　橡胶颗粒掺入方法、尺寸

研究中所使用的橡胶颗粒通常是在普通混凝土或砂浆基础配比上取代细骨料[14,20,21,26,29,33,40,41]，粗骨料[16,28,31] 或同时取代粗、细骨料[14,23]，还有一些研究[30,43]直接将橡胶颗粒外掺入混凝土。研究中所使用的橡胶颗粒尺寸各有不同，通常在 0.1~5mm 之间，也有研究[12,28]使用 10mm 以上的橡胶颗粒。无论何种掺入方式，橡胶颗粒掺入量通常都在骨料体积的 50% 以下，少数研究[16]等体积取代粗骨料量达到 100%。

由于橡胶颗粒能够强烈降低混凝土的强度，目前研究者在橡胶混凝土各种性能的研究中所使用的橡胶颗粒掺量通常较低，而且由于所使用的橡胶颗粒尺寸较小，用橡胶颗粒取代混凝土细骨料的研究更多一些。

1.3.3　橡胶颗粒对混凝土性能的改善作用

1.3.3.1　橡胶颗粒可以降低混凝土的密度

由于橡胶颗粒本身密度通常在 $1.0×10^3 ~ 1.3×10^3 kg/m^3$ 之间，小于普通混凝土的密度，掺入橡胶颗粒的混凝土密度必然降低。史新亮[44]研究认为橡胶混凝土表观密度随橡胶颗粒掺量增加而降低，当橡胶颗粒等体积取代混凝土中细集料砂子的量达到 40% 时，橡胶混凝土表观密度降低 59%，而且橡胶颗粒粒径越小，橡胶混凝土的表观密度降低越多。Najim 等[45]总结发现，当橡胶颗粒等体积取代混凝土中所有集料的 50% 时，橡胶混凝土干密度降低到 75%，而仅取代细集料时，橡胶混凝土干密度降低在 10%~30% 之间。文献［28］认为橡胶颗粒的粗糙表面包裹的空气进一步降低了橡胶混凝土的密度。

1.3.3.2　橡胶颗粒提高了混凝土抗收缩开裂性

Raghvan 等[16]研究认为 5%（质量分数）掺量的橡胶颗粒可以减小砂浆的塑性收缩，而且可以将开裂宽度从空白试样的 0.9mm 减小到 0.4~0.6mm，开裂时间从空白试样的 30min 增加到 15%（质量分数）橡胶颗粒掺量的 1h。尤伟等[46]也发现橡胶颗粒的掺入能够有效减小试件的裂缝总长度，并且认为在一定细度及掺量范围内的橡胶颗粒对水泥基材的干缩性能是有利的。周梅[47]研究发现橡胶颗粒会增加混凝土的收缩性能，但没有说明橡胶颗粒对混凝土开裂性能的影响。

1.3.3.3　橡胶颗粒改善了混凝土的韧性和抗冲击性

Najim 等[45]用混凝土抗折应力-挠度曲线下面积表征自密实混凝土的韧性，研究发现橡胶颗粒等质量取代混凝土细集料 5% 时，与空白混凝土相比韧性增加 75%，10% 时增加 102%，15% 时增加 118%。Khaloo 等[48]研究发现直到橡胶颗粒体积含量达到 25% 时，橡胶混凝土的韧性都在增加，掺量再高时韧性开始降低。朱涵等[49]研究也表明掺入橡胶集料可有效地提高混凝土的韧性和变形性能。其他研究者 Taha 等[50]，Sukontasukkul 等[51]也都得到了相似的结果。而且朱晓斌[52]还发现橡胶混凝土韧-脆转变临界掺量约为 $60kg/m^3$，且韧性随着掺量的增大而增大，掺量大于 $180kg/m^3$ 后韧性增加趋于平稳。

橡胶混凝土在一定掺量下韧性可以增强，则其抗冲击性能也会改善。Topcu 等[53]研究发现掺入橡胶颗粒可以增强混凝土的抗冲击性能。Atahan 等[54]也发现了同样的结果。

对于橡胶混凝土的抗冲击性能改善原因，通常认为橡胶颗粒的掺入使橡胶混凝土韧性得到了改善，在受到冲击荷载时，橡胶混凝土内部产生的裂纹在扩展过程中能量被橡胶颗粒吸收，阻止了裂纹的扩展。同时橡胶混凝土内各点在受冲击方向能够产生比素混凝土大的位移，并产生振荡位移回复，有利于能量的吸收和耗散。

1.3.3.4　橡胶颗粒改善了混凝土的吸声降噪以及隔热性能

橡胶材料作为一种弹性材料，声波传播速度小，能量损耗大，因而具有良好的吸声隔音效果。许多研究者[55,56]开展了关于橡胶混凝土的吸声降噪性能研究，发现随橡胶颗粒掺量增加，混凝土的动弹模量和固有频率降低，超声波传播速度下降，表现出良好的吸声降噪性能。史巍等[55]通过超声波检测方法对橡胶颗粒水泥砂浆隔声性能进行了研究，发现橡胶颗粒以 25% 等体积取代砂子时，水泥砂浆固有频率下降 17%，动弹模量下降 40%，同时发现氢氧化钠溶液处理橡胶颗粒对隔声性能没有改善作用。Piti 等[56]研究表明声波频率大于 500Hz 后，橡胶混凝土的吸声系数提高，1000Hz 以上时吸声系数提高更加显著。

由于橡胶颗粒本身具有良好的隔热性能，同时在掺入混凝土后会引入较多气泡，对混凝土的隔热性能起到改善作用。Yesilata 等[57]研究表明废旧橡胶颗粒的掺入可以将混凝土的隔热性能提高 18.52%。Piti 等[56]用橡胶颗粒取代混凝土的细集料，发现混凝土的导热系数降低了 20%~50%。Benazzouk 等[58]研究了橡胶水泥浆体的隔热性能，发现随橡胶颗粒掺量增加，试样导热系数减小，当橡胶体积含量为 50% 时，热导率由纯水泥浆体的 1.16W/(m·K) 降低为 0.47W/(m·K)，降低了近 60%；而且通过将橡胶水泥浆体看成由气孔、橡胶、水泥基体构成的三相匀质体系，建立了导热模型，推导出了计算橡胶水泥浆体导热系数的公式，并进行了验证。

1.3.3.5 橡胶颗粒改善了混凝土的抗渗性

胡鹏等[29~31]研究了掺入橡胶颗粒后混凝土渗透性能的变化，并从混凝土孔结构方面分析了原因，总结了混凝土渗透性与强度之间的关系。发现当橡胶颗粒（3~4mm）掺量为50kg/m³时，其抗渗性能最好，低于或高于50kg/m³时，渗水高度和渗透系数都将增大，这可能是由于橡胶颗粒的掺入改变了混凝土的微观孔结构，包括改变了混凝土的毛细孔率和毛细孔半径，并减少了毛细孔之间的相互贯通，防止了网状孔结构体系的形成。并且，橡胶微粒的存在，增大了液体渗流的阻力，降低了毛细孔的抽吸作用。陈波等[59]等研究发现当橡胶粉（颗粒）的掺量控制在10%以下时，可以改善混凝土的抗渗性能，但当橡胶颗粒（3~4mm）掺量再增加时，抗渗性能会逐渐降低；橡胶粉与橡胶颗粒对抗渗性能的改善效果差别不大。

1.3.3.6 橡胶颗粒改善了混凝土的抗冻融性

Richardson 等[60]研究表明混凝土中掺入0.6%（质量分数）的废旧橡胶颗粒便可以提高混凝土的抗冻融性，并且阐述了橡胶颗粒的引气作用对橡胶混凝土抗冻融性能改善机理。Siddique 等[28]研究表明10%、15%橡胶颗粒体积掺量可以提高混凝土抗冻融性能，但20%以上的掺量反而降低了混凝土抗冻融性能。陈波等[59]发现0.14mm橡胶颗粒对混凝土的抗冻融性改善好于引气剂，而3~4mm橡胶颗粒与引气剂效果相当。史新亮[44]的研究结果表明橡胶颗粒等体积取代30%的砂时，橡胶混凝土达到300次冻融循环而不被破坏，质量损失率小于1.5%，相对耐久性指数大于73%。

1.3.3.7 橡胶颗粒改善了混凝土的耐高温性

Herna′ndez-Olivaresa 等[37]将相对于混凝土总体积3%、5%、8%的橡胶颗粒分别掺入混凝土，制成200mm×300mm×50mm试样，按EN-UNE1363-1标准进行单面受火试验，发现未掺橡胶颗粒的高强混凝土表面发生了爆裂，而掺入橡胶颗粒的高强混凝土表面只出现了小孔和裂纹，掺入橡胶颗粒的混凝土试样试验后弯曲程度没有空白试样大，而且破坏深度（温度达到500℃时的深度）也比空白试样小。李丽娟等[38]将相对于胶凝材料质量1%、2%、3%、4%的橡胶颗粒掺入高强混凝土，制成100mm×100mm×100mm的立方块，放入炉子按ISO834标准升温到500℃，保温1h，分别观察表面、测量质量损失和残余强度，发现普通高强混凝土与橡胶颗粒改性高强混凝土都有爆裂发生，随着橡胶颗粒粒径的增加，爆裂现象加重。当外掺 40 目 （0.2~0.4mm） 的橡胶颗粒，且掺量低于 16.2kg/m³ 时，试件均保持外观完整，质量损失不大于 5%；表面不发生爆裂的橡胶颗粒混凝土，强度增长4%~15%。

1.3.4 橡胶颗粒对混凝土强度性能的影响

橡胶砂浆混凝土的机械性能是目前研究最多的问题，主要研究了废旧轮胎橡胶颗粒掺量以及颗粒大小对砂浆或混凝土抗压、抗折、劈裂抗拉强度的影响。下面从不同方面进行详细总结。

几乎所有研究都表明橡胶颗粒的掺入会剧烈降低砂浆或混凝土的抗压抗折强度，但相同掺量下，抗折强度较抗压强度降低的少，Toutanji 等[19]以小于等于 12.5mm 的橡胶颗粒全部取代混凝土中的粗骨料，混凝土抗压强度降低 75%，而抗折强度只降低了 35%，刘学艳等[20]研究发现当以橡胶颗粒等体积取代混凝土中 7%的砂子时，抗压强度下降了一个等级，而抗折强度只下降 0.2%。黄少文等[42]认为当掺量小于 10%时，砂浆 3 天和 7 天抗压强度几乎不受影响，而且当橡胶颗粒掺入量小于水泥质量的 5%时，砂浆 3 天抗压强度还会有所升高。何政等[61]试验结果也表明当橡胶颗粒等体积取代砂浆中砂子量为 1%时，砂浆早期强度有所提高。董建伟[62]的研究结果表明掺入橡胶颗粒对混凝土的早期强度影响较小。

对于橡胶颗粒尺寸对混凝土抗压强度的影响研究有不同的结果，文献[11, 21]认为粗橡胶颗粒对混凝土抗压强度的降低作用高于细橡胶颗粒；文献[22, 23, 63]得出了相反的结果，文献[25]同时认为当橡胶颗粒与水泥质量比大于 0.45后，粗细颗粒对混凝土抗压强度的影响差别就不明显了；文献[38, 64]研究认为不同颗粒尺寸对混凝土影响差别不大。文献[42, 61]认为粗橡胶颗粒对水泥砂浆抗压强度的降低高于细橡胶颗粒；文献[65]得出了相反的结果。Sukontasukkul等[51]分别用 6 目 （3.0~4.0mm）、20 目（0.5~1.0mm）以及 6 目和 20 目混合橡胶颗粒进行试验，发现掺混合颗粒混凝土抗压强度高于单掺强度。

混凝土抗压、抗折强度随橡胶颗粒掺量的增加而降低，但并不是线性降低。Toutanji 等[19]研究结果表明当橡胶颗粒按 25%、50%、75%、100%等体积取代混凝土中的粗骨料时，混凝土抗压抗折强度都是低掺量时降低较快，之后降低变慢。李丽娟[35]研究得到当橡胶颗粒在混凝土中掺量达到 21.6kg/m³ 前强度降低较快，而之后强度下降曲线变平缓。

混凝土劈裂抗拉强度随橡胶颗粒的加入而降低，但降低幅度比抗压强度小，但也有不同的试验结果。Albano 等[63]用混凝土总质量 10%的 0.59mm 橡胶颗粒等质量取代细骨料，发现抗压强度降低了 88%，而劈裂抗拉强度降低量小于 35%；Topcu 等[21]以 45%的 0~1mm 橡胶颗粒等体积取同时取代细骨料和粗骨料，发现抗压强度降低了 37.1%，劈裂抗拉强度降低了 64.8%。

熊杰等[64]研究了 ϕ150mm×300mm 圆柱试样、150mm×150mm×150mm 和 100mm×100mm×100mm 立方体试样橡胶混凝土（橡胶颗粒等体积取代粗骨料 15%、30%、45%）抗压强度之间的换算关系，发现换算系数离散性较大。

文献［38，66］研究发现掺入橡胶颗粒虽然降低混凝土的抗压强度，但强度随养护龄期的发展与普通混凝土一致。

文献［19，62，65，67］都发现当压力达到破坏压力时，橡胶混凝土试块并不像普通混凝土试块一样发生崩裂，而是保持相对完整形状，只是在表面出现纵向裂纹，破坏后仍能够承受一定的压力。

Eldin 等[68]使用神经网络模型对橡胶混凝土抗压强度和抗拉强度进行预测，预测结果与试验结果最大相差 9.2%。刘春生[69]、刘锋[70]在细观层次上将橡胶集料混凝土离散成为粗集料，橡胶集料，以及水泥砂浆体所组成的三相复合材料，利用有限元方法分析材料在受到压力时的应力分布和变形情况，计算出了橡胶集料混凝土试件受压状态下各相材料的应力应变场，发现橡胶集料具有很大变形但受力却极小，说明了橡胶集料对混凝土宏观力学特性的影响。

橡胶颗粒降低混凝土强度的原因[45]主要有两个方面，一是橡胶与混凝土基体之间巨大的弹性模量差异，二是橡胶颗粒与混凝土基体间薄弱的界面结合。橡胶颗粒与混凝土基体的弹性模量差异是本身性质决定的，是无法改变的，而且橡胶混凝土许多性能改善也正是利用了橡胶颗粒的低模量高弹性性质。为了减小橡胶颗粒对混凝土强度性能的劣化作用，只有从改善橡胶与混凝土基体的界面结合入手。

1.4 橡胶-水泥石界面研究现状

橡胶颗粒掺入混凝土可以降低混凝土的密度，适量掺入可以改善混凝土的收缩开裂性、韧性和抗冲击性能、吸声降噪和隔热性能、抗渗性和抗冻融性，对混凝土的耐火性能也有一定提高。但橡胶颗粒对混凝土的强度性能有剧烈的影响，这是橡胶颗粒真正应用于水泥混凝土需要克服的难题。为了改善橡胶颗粒与水泥基体的界面结合，研究人员开展了大量工作，主要是对橡胶颗粒进行表面改性，其方法按作用原理可分为橡胶颗粒表面物理清洗法和化学改性法两个方面。

1.4.1 物理清洗法表面改性

物理清洗法主要目的是清洗掉吸附在橡胶颗粒表面的杂质和扩散到表面的防护体系和增塑软化体系物质，如石蜡、硬脂酸、油酸、松焦油、三线油、六线油等。清洗后的橡胶颗粒表面憎水性减弱，表面活性点可以和水泥基体较好的结合，从而改善橡胶颗粒水泥基体界面。

Eldin 等[11]等用水浸泡和冲洗橡胶颗粒表面。而 Rostami 等[39]分别使用水、四氯化碳,以及水和乳液混合物来清洗橡胶颗粒表面。结果表明,含水洗橡胶颗粒的混凝土强度比含未处理橡胶颗粒的混凝土高16%,而用四氯化碳处理时,抗压强度则提高57%。这可以通过清洗效果不同来解释。石蜡、硬脂酸、油酸、松焦油、三线油、六线油等为憎水性物质,与清水相容性不好,清水清洗效果较差,而四氯化碳可以将这些有机小分子溶解,通过浸泡清洗可以将其较完全地清除,使橡胶颗粒表面憎水性减弱,表面活性点显露更多,橡胶颗粒与水泥基体结合更好。

在 Segre 等[15]的研究中,他将橡胶颗粒浸泡在饱和 NaOH 溶液中,搅拌20min,水洗过滤干燥,在质量掺量为10%时,试样的挠曲强度,断裂能都有较大提高,抗压强度较未处理橡胶颗粒试样有较大改善。虽然 NaOH 可以和橡胶颗粒表面一些物质如硬脂酸发生反应,但 NaOH 处理橡胶颗粒表面总的效果仍然是清除橡胶颗粒表面憎水性物质,仍然属于物理清洗方法。

国内外研究中[40]还有用甲苯、润滑油等对橡胶颗粒表面进行清洗的报道,都有一定效果,但效果并不显著。管学茂等[41]研究了水洗、超声水洗、四氯化碳、NaOH 饱和溶液等方法清洗橡胶颗粒表面的效果,发现四氯化碳和 NaOH 处理效果优于水洗和超声水洗。也有研究[55,63]认为 NaOH 饱和溶液处理橡胶颗粒对试块抗折强度有一定改善,而对抗压强度没有明显影响。

1.4.2 化学法表面改性

化学法表面改性是通过化学方法将橡胶颗粒表面与亲水性的极性基团(如羧基、羟基、磺酸基等)结合的方法。由于以上亲水性基团可以和水泥基体产生较强的结合,因此可以改善橡胶颗粒水泥基体界面。

李悦等[26]通过将橡胶颗粒与硅烷偶联剂或 PVA 等混合搅拌,混合均匀后晾干的预处理方法,发现橡胶颗粒表面用 PVA 和硅烷偶联剂处理,虽然橡胶混凝土的强度较空白混凝土强度还有所降低,但与未处理的橡胶混凝土相比,橡胶改性混凝土的强度有很大的提高,且其韧性和抗疲劳特性明显优于普通水泥混凝土。

黄少文等[42]分别通过硅烷偶联剂、三乙醇胺和环氧树脂处理橡胶颗粒,处理方法为将橡胶颗粒与处理剂常温搅拌混合,结果发现硅烷偶联剂处理效果较好,试块强度较未处理橡胶试块提高了35%以上。郭灿贤等[43]通过将硅烷偶联剂与橡胶颗粒在研钵中共同研磨的方法处理橡胶颗粒,试验结果表明处理后的橡胶试块抗压强度比未处理的有显著提高。文献 [63] 也使用了硅烷偶联剂 A-174对橡胶颗粒进行表面处理,发现抗压强度没有明显的改善。

Ali[22]用 SBR 胶乳(丁苯胶乳)来改性橡胶颗粒,结果表明添加了 SBR 乳液的橡胶混凝土的抗折强度和抗冲击强度要比基准混凝土高很多。SEM 图像表明由于 SBR 的作用，在橡胶与水泥浆之间产生较好的黏合，可以改善橡胶与混凝土的界面结构，大幅度提高混凝土的抗冲击性能。

作者通过将质量为橡胶颗粒质量一定百分比的 Si-69 偶联剂配制成一定质量浓度的乙醇溶液，分别加入硫化促进剂 CZ、DM 各 5%（相对于 Si-69 偶联剂质量分数），与胶粉混合，通过小型压面机进行辊压，然后放入烘箱加热反应一定时间，制得改性橡胶颗粒，当掺量为水泥重量的 5%时，通过水泥净浆试验发现，处理前的橡胶水泥试样强度比未掺橡胶颗粒的纯水泥试样降低了 28.5%，而改性后的橡胶水泥试样抗压强度与纯水泥试样相比不但没有降低，反而有一定提高。

以上橡胶颗粒表面改性研究从改性前后橡胶混凝土的性能或界面微观裂隙改善方面进行了表征，但对改性剂与橡胶颗粒表面的结合没有深入研究。

王亚明等[71]使用了一种含有磺酸基和羟基的改性剂对橡胶颗粒进行处理，其处理方法为在装有冷凝管、搅拌器的三口烧瓶中依序加入计量的橡胶颗粒、改性单体、水和引发剂，加热搅拌，在一定的温度和 pH 值下反应 4h，过滤、洗涤、烘干、研磨，得到改性橡胶颗粒。试验结果发现，当掺入量为水泥质量的 3%和 7%时，处理后的橡胶颗粒能够改善砂浆的流动性，而且试块抗压强度与不掺橡胶颗粒的空白砂浆试块相当，抗折强度甚至有一定提高。并用红外光谱法分析了橡胶颗粒表面改性前后表面官能团的变化，证明改性剂与橡胶颗粒表面发生了化学结合。

文献［26，42，43］都是在常温下将橡胶颗粒与偶联剂进行搅拌混合来处理橡胶颗粒的，都有一定的效果，但相对于未掺橡胶颗粒的试样，强度仍有较大降低，而文献［71］的研究是在一定温度和引发剂条件下，使偶联剂与橡胶颗粒表面进行反应，结果表明掺入改性后橡胶颗粒的试样强度较未掺橡胶颗粒的试样没有明显降低。这可能是由于偶联剂的亲油性反应基团需要在一定条件下才可能与橡胶颗粒表面发生充分反应，形成牢固的化学结合，如果条件不能引发偶联剂与橡胶颗粒表面发生反应，偶联剂的作用就不能充分发挥出来。

1.4.3 橡胶-水泥石界面研究中存在的问题

橡胶颗粒作为骨料掺入混凝土对混凝土的各种性能的影响与橡胶-水泥石界面特征有着密切的关系。虽然研究人员对通过橡胶颗粒表面改性来改善橡胶水泥基体界面的方法进行了许多研究，但所有研究都是建立在改善橡胶颗粒表面亲水性从而改善橡胶水泥基体界面结合的直观认识上的。目前关于橡胶-水泥石界面结构及其形成机理没有系统研究。已有的研究结果主要是通过 SEM 观察橡胶颗粒与水泥石界面裂隙变化[29,38,46,52,72]，关于橡胶-水泥石界面处的元素分布，矿物分布，界面过渡区大小等没有研究报道，关于橡胶-水泥石界面形成原因除简单的定性解释外[45]，没有进一步的研究报道。

综上所述，在橡胶-水泥石界面研究及其改善方面的研究还存在着如下不足：

（1）橡胶-水泥石界面结构及其形成机理缺乏研究，目前橡胶-水泥石界面改善研究缺乏理论指导。

（2）虽然研究了多种橡胶颗粒表面改性方法来改善橡胶混凝土性能，但对改性机理没有深入研究。

（3）除了橡胶颗粒表面改性方法外，缺乏新方法的探索。

1.5 低温（300℃以下）下橡胶、混凝土性能变化研究现状

目前关于橡胶混凝土在300℃以下结构性能的变化尚未见报道。而且关于废旧轮胎橡胶在300℃以下结构性能变化的研究也没有专门报道，现有研究结果都是在研究废旧轮胎橡胶热裂解时附带观察到的一些现象。关于混凝土在300℃以下结构性能变化的研究也没有专门报道，现有研究结果都是在研究混凝土高温时性能与结构变化时附带观察到的一些现象。

关于橡胶热解有许多研究报道[73~76]，其研究目的都是为了将废旧橡胶热解为炭黑、油品和高热值燃气，主要研究的是300℃以上橡胶的裂解行为及产物，只有文献［73］提到在真空条件下，200℃以下橡胶基本不降解；200~300℃之间，热解产物都凝结在加热管内盛料的玻璃管上，黑而且黏。而关于在较低温度下的橡胶热解行为及其产物性能的深入研究未见报道。崔洪等[76]研究发现丁苯橡胶约在200℃以上时开始失重分解，天然橡胶约在300℃以上时开始失重分解，丁二烯橡胶约在350℃以上时开始失重分解，但三种橡胶快速分解都在350℃以上。

关于混凝土高温下力学性能也有较多研究，陈磊等[77]总结分析后认为：混凝土抗压强度在300℃前衰减不明显；300~800℃是抗压强度衰减的主要温度段，在400℃时出现显著下降，达800℃时衰减为常温的30%。Chi-sun Poon[78]认为，混凝土抗压强度随温度升高表现出三个阶段：强度损失、强度恢复、强度的永久损失，200℃时混凝土抗压强度与对比样相比有所提高。李友群等[79]总结认为，混凝土高温性能存在着突变临界温度，在达到临界温度之前，混凝土强度、弹性模量基本不变或变化不大，超过临界温度后其性能随温度上升而快速降低，我国高强混凝土力学性能突变的临界温度约为400℃，而普通混凝土为200℃。以上研究表明，混凝土在200℃左右性能基本保持稳定，而其物相组成及结构的变化需要进一步深入研究。

根据以上研究结果可以发现：废旧轮胎橡胶在200~300℃之间可能发生部分降解而具有黏结性，作者在研究中也发现在真空250℃下橡胶颗粒变黏并牢固地黏接在三口烧瓶玻璃壁上，冷却后橡胶颗粒仍然具有良好的弹性和强度；而混凝

土200℃左右性能基本保持稳定；可以利用这一点通过低温（200～300℃）热处理的方法来对硬化橡胶混凝土进行加热处理，使橡胶颗粒发生部分热降解而与水泥基体发生黏结，从而改善橡胶-水泥石界面。这将是一种改善橡胶-水泥石界面结合的全新方法。

如果这种方法能够实现橡胶-水泥石界面良好结合，将为橡胶混凝土的广泛应用打下坚实基础。首先可以在小型混凝土制品方面进行应用，如混凝土实心砖、混凝土多孔砖，环保透气透水路面砖，建筑保温一体化模块，防滑踏步、安全雨水井箅，道路防撞隔离墩等。以上制品可以掺入橡胶颗粒来改善其韧性和抗冲击性，通过热处理方法改善橡胶-水泥石界面结合，减小橡胶混凝土强度降低幅度。

1.6　混凝土中孔结构与耐久性的关系

由于混凝土是多孔的非均质材料，其孔隙的大小、数量不仅会对力学性能产生一定的作用，同时也与混凝土的耐久性有着密切的关系[80]。

1.6.1　孔结构对混凝土耐久性的影响

对于混凝土的抗冻性可以从静水压假说和渗透压假说来解释[81]。静水压假说是当混凝土周围存在水分时，在毛细孔力的作用下，水分进入混凝土内部，而较大的孔隙由于气压的作用不易饱水。在降温过程中，毛细孔中未结冰的水分向大孔渗透，形成静水压[79]。在水结冰产生的压力超过混凝土所能承受的压力时，混凝土结构产生破坏[80]。在渗透压假说中，孔隙中结冰与未结冰部分的自由能之差造成的渗透压使得未冻结的水向冻结区迁移。

混凝土的孔隙结构是影响其渗透性的重要因素之一[82]，有害介质也会通过孔溶液进入混凝土内部。因此改善混凝土的孔结构可以提高混凝土的抗渗性[83]。

抗氯离子侵蚀能力是评价砂浆耐久性的一个重要性能[84]。氯离子进入砂浆内部是扩散和毛细管力共同作用的结果[85]。影响氯离子进入砂浆的因素有很多，如水泥基材料的组成、内部孔隙结构等[86]。橡胶砂浆的抗冻融性能，是在低于冰点的温度下，水泥基材料内部的水结冰而引起体积膨胀，应力达到砂浆内部所能承受的极限时，会导致砂浆结构的破坏。碳化作用是指大气中的CO_2进入混凝土中与内部碱性组分发生一系列化学反应[87]，会造成混凝土裸露，使内部钢筋锈蚀。影响CO_2在混凝土中扩散的主要因素是混凝土内部孔隙结构，孔隙率越小，碳化速度也越慢。

1.6.2　影响混凝土孔结构的主要因素

（1）水泥。水泥的细度会影响其引气作用[88]。水泥越细，需水量也越大，使得形成气泡困难，引气量越低。

（2）集料。集料的各种性质都会对混凝土性能产生影响[89]。粗集料对混凝土拌和物的流动度具有一定的影响，从而对气泡的形成具有一定的作用。细集料的颗粒尺寸对混凝土引气作用较为明显，若提高细集料的细度，含气量降低[90]。

（3）水灰比。水灰比越大，用于形成气泡的水分就越多，气泡量也会相应增多。

（4）砂率。砂率较大，水泥用量也会增多，则相对不易引入气体；若砂率较小，则拌和物会产生泌水等现象，不利于引气。

（5）施工工艺。搅拌越强烈，时间越长，引气量越大[91]；适当的振捣可以消除大的气泡；养护时间越长，水泥水化越充分，则混凝土结构细化，气泡越小。

2 原材料及其性能

2.1 橡胶颗粒

目前使用的废旧轮胎橡胶颗粒通常是由除去了钢丝和帘子布层的废旧轮胎破碎而来，也有一些是由除去了钢丝但没有除去帘子布层的废旧轮胎破碎而来，橡胶颗粒中含有尼龙纤维等纺织物。除去钢丝和纺织物后，废旧轮胎主要成分有橡胶（包括天然橡胶、合成橡胶），其质量分数比约为59%；炭黑，其质量分数约为28%；硫磺和二氧化硅等，其质量分数约为3%；增塑剂、加速剂等添加剂，其质量分数约为10%。不同用途的轮胎各组分含量会有区别。

本试验采用的橡胶颗粒为北京泛洋华腾科技有限公司生产的5目（3.0～4.5mm）、20目（0.5～1.0mm）、40目（0.2～0.4mm）、100目（0.1～0.2mm）橡胶颗粒（见图2-1），主要由载重卡车废旧轮胎胎面胶破碎而得。根据《硫化橡胶粉国家标准》（GB/T 19208—2008）测得的技术指标如表2-1所示。使用前首先用自来水清洗橡胶颗粒表面，然后用远红外干燥箱在50℃烘干。

5目橡胶颗粒（见图2-1（a））呈不规则的三角形或四方形棱锥或棱柱，相互之间没有团聚倾向，从20cm高度倒落时颗粒能够相互散开；20目橡胶颗粒（见图2-1（b））呈缩小的不规则的三角形或四方形棱锥或棱柱，相互之间也没有团聚倾向，从20cm高度倒落时颗粒能够相互散开；40目橡胶颗粒（见图2-1（c））裸眼不易观察其整体形状，颗粒之间有团聚倾向，从20cm高度倒落时颗粒大部分能够相互散开，有部分颗粒会相互团聚在一起；100目橡胶颗粒（见图2-1（d））有较强的团聚倾向，从20cm高度倒落时颗粒大部分仍然团聚在一起。

表 2-1　橡胶颗粒技术指标

检测项目	单位	标准要求（数值）	实验结果
拉伸强度	MPa	≥15	17.6
拉断伸长率	%	≥500	570
炭黑含量	%	≥28	35.99
水分	%	≤1.0	0.58

检测项目	单位	标准要求（数值）	实验结果
灰分	%	≤ 10	5.86
丙酮抽出物	%	≤12.0	5.78
橡胶烃的含量	%	≥45.0	49.47
金属含量	%	≤0.06	0.00
纤维含量	%	≤0.5	0.02
筛余物含量	%	≤8 0	46
倾注密度	kg/m³	—	397.04

(a)　　　　　　　　　　　　　　　　(b)

(c)　　　　　　　　　　　　　　　　(d)

图 2-1　橡胶颗粒照片

（a）5 目（3.0~4.5mm）；（b）20 目（0.5~1.0mm）；（c）40 目（0.2~0.4mm）；

（d）100 目（0.1~0.2mm）

本试验中，橡胶颗粒用于取代水泥混凝土或水泥砂浆中的细集料砂子，所以使用的橡胶颗粒最大粒径小于 5mm，最小粒径大于 0.1mm。在测试橡胶砂浆孔结构时，由于压汞测试法要求试样较小，为了不影响测试，使用了 100 目橡胶颗粒；在研究橡胶颗粒表面改性对混凝土性能的影响时，采用了 5 目和 40 目橡胶颗粒按质量比 7∶3 混合的橡胶颗粒以及 40 目橡胶颗粒两种，这个粒度范围的橡胶颗粒是目前研究中最常用的粒度范围；在研究低温热处理对橡胶混凝土性能影响时，为了明确粒度对热处理效果的影响，特意增大了所用橡胶颗粒的粒度差，分别采用 5 目和 100 目橡胶颗粒；在用吸水动力学法测试低温热处理对橡胶水泥净浆孔结构影响时，采用了 20 目橡胶颗粒。

2.2 水泥

试验采用河南焦作坚固水泥股份有限公司生产的 42.5 级普通硅酸盐水泥，其物理性能指标与化学成分分析见表 2-2、表 2-3。

表 2-2 坚固牌 42.5 级普通硅酸盐水泥的物理性能

品质指标	密度/g·cm⁻³	细度		凝结时间/min		强度/MPa			
		80μm 筛筛余/%	勃氏比表面积/m²·kg⁻¹	初凝时间	终凝时间	抗压强度		抗折强度	
						3d	28d	3d	28d
测试值	3.10	1.2	368	169	229	25.4	48.2	5.1	8.2

表 2-3 水泥化学成分分析 （%）

成 分	SiO_2	CaO	MgO	其他
含量	28.93	52.44	1.08	17.55

2.3 粗集料

试验采用破碎石灰石，粒径为 5~19mm，级配合格，其性能指标见表 2-4。

表 2-4 石子性能指标

品质指标	表观密度/g·cm⁻³	堆积密度/g·cm⁻³	空隙率/%	压碎指标/%
测试值	2.75	1.66	45.8	7.5

2.4 细集料

试验采用黄砂，中砂，级配符和Ⅱ区要求，其性能指标见表 2-5。

表 2-5   砂子性能指标

品质指标	表观密度 /g·cm⁻³	堆积密度 /g·cm⁻³	空隙率 /%	压碎指标 /%	细度模数
测试值	2.63	1.52	42.0	21	2.70

2.5   橡胶颗粒表面改性剂

本研究中采用丙烯酸偶联剂对橡胶颗粒表面进行改性，丙烯酸偶联剂为在橡胶颗粒表面改性过程中以下原料反应的结果。

聚乙二醇（相对分子质量 1000）：辽阳科隆化工有限公司生产，工业品；

丙烯酸，市售，分析纯；

对苯甲磺酸，市售，分析纯；

氢氧化钠，市售，分析纯。

3 橡胶-水泥石界面过渡区研究

关于橡胶-水泥石界面过渡区的结构研究至今没有相关报道。本章将对橡胶-水泥石界面过渡区显微硬度分布、元素分布、矿物分布等进行观测分析，在此基础上运用界面张力理论分析橡胶-水泥石界面过渡区形成机理，初步建立橡胶-水泥石界面过渡区模型。

3.1 试验方法

3.1.1 显微硬度分析

常用的显微硬度测定方法是把金刚石正四棱锥（压头）以一定载荷接触材料表面，在试样表面压出一个底面为正方形的正四棱锥压痕，测量压痕的两条对角线的长度取其平均值并计算出压痕面积，再计算出载荷与压痕面积的比值，以这个比值来表征材料的表面硬度（维氏硬度）。在混凝土骨料-水泥石界面研究中可以用这种方法测定骨料附近显微硬度的变化，从而表征界面过渡区的范围。许多研究者[80~83]采用这种方法对混凝土骨料-水泥石界面过渡区进行了研究，证明了骨料-水泥石界面过渡区是一个薄弱区域，也说明了用显微硬度法分析骨料-水泥石界面过渡区的可行性。但由于压头尺寸和界面区表面平整度的限制，显微硬度法在确定界面过渡区厚度方面还只能作为参考。

本书中采用如下方法制备橡胶-水泥石界面过渡区显微硬度测试试样。从废旧轮胎表面切出 5mm×5mm 的小块，用清水清洗表面，在鼓风干燥箱中烘干至恒重，放入水灰比为 0.4 的水泥净浆中，使比较平整的一面水平向上，在 20mm×20mm×20mm 金属模具中成型，手工振动，使水泥净浆能够覆盖橡胶块，带模在温度 20℃，相对湿度 95%（为方便起见，下文将温度 20℃，相对湿度 95% 的养护条件简称为标准条件）的标准养护箱中养护 1 天，脱模后继续在标准条件下养护至 90 天。测试时取出擦干试块表面水分，用 2000 目砂纸轻轻打磨至橡胶表面露出，用棉球蘸取无水乙醇将表面擦拭干净。

用型号为 MC010-HV-1000 的维氏显微硬度计测试橡胶-水泥石界面显微硬度值（MHV）分布。操作参数为加载载荷 100N、保载时间 15s，在放大倍数 400 倍下观测压痕尺寸。

3.1.2　SEM-EDS 分析

扫描电镜观测（SEM）是最常用的微观分析手段，其二次电子图像可用来分析骨料-水泥石界面过渡区产物的微观形貌，而其背散射电子图像可以用来进行视野范围内的元素定性分析。通过 SEM 观察选定分析点或范围，结合能谱分析，可以使用电子探针微区分析（EDS）来研究界面过渡区法向上的元素分布和孔结构[92,93]。而且随着环境扫描电镜研究方法的出现，混凝土骨料-水泥石界面过渡区的形成过程也可以通过这种方法进行研究[94,95]。

本书中橡胶-水泥石界面过渡区的 SEM-EDS 分析试样按 3.1.1 节所述方法制备，喷金后进行 SEM-EDS 分析。EDS 分析采用能谱分析方法（EDS）分析线元素分布和点元素含量。扫描电子显微镜型号为 JSM-6390/LV，能谱仪型号为 INCA-ENERGY 250。

3.1.3　XRD 分析

X 射线衍射分析方法（XRD）是对晶体进行分析研究的最常用方法，目前在研究混凝土骨料-水泥石界面问题中经常被用来表征界面过渡区氢氧化钙含量与结晶取向情况。Grandet[96] 和 Ollivier[97] 的研究方法是将界面过渡区逐层磨除，用 X 射线扫描剩余表面，分析表面的矿物组成及其结构特征。

本书中 XRD 分析制样方法是：从废旧轮胎切出 6cm×6cm 的小片，用清水清洗表面，在鼓风干燥箱中烘干至恒重，垂直插入 42.5 级普通硅酸盐水泥与水按 1：0.4 质量比拌制的水泥净浆中，适当插捣振动，使水泥净浆能够覆盖橡胶片，在 70.7mm×70.7mm×70.7mm 金属模具中成型，带模在标准条件下养护 1 天，脱模后继续在标准条件下养护 89 天。测试时取出擦干试块表面水分，用 2000 目砂纸打磨至橡胶片表面露出，剥离橡胶片，露出橡胶与水泥石结合面，在能够精确控制前进量的夹具台上，用砂轮片从表面向内部分 5 次依次摩擦水泥石基体，每次前进 15μm，用螺旋测微仪检测校正磨进深度，依次收集 5 次磨下的水泥基体粉末，研磨后过 45μm 筛，用型号为 D8ADVANCE 的 X 射线衍射仪进行 XRD 分析。

3.1.4　橡胶砂浆孔结构分析

砂浆配料比见表 3-1，水泥、砂子、水质量比为 1：3：0.5，用 100 目橡胶颗粒等体积取代砂子，取代比例分别为 0%、3%、5%、10%、20%、30%，试样编号依次为 RM-100-0，RM-100-3，RM-100-5，RM-100-10，RM-100-20，RM-100-30。

将参照《水泥胶砂强度国家标准》（GB/T 17671）拌制好的砂浆用铲刀装入内径为 15mm、高为 15mm 的聚丙烯塑料管中，用直径 5mm 的铁棒插捣 10 次，用铲刀将表面抹平，再用铲刀压住一端，另一端紧贴在混凝土振实台上振实 1min，带模在标准条件下养护 1 天，脱模后继续在标准条件下养护 28 天，制备直径 15mm、高 15mm 圆柱形砂浆试块（见图 3-1）。标准条件下养护 28 天后的试样放在广口瓶中用无水乙醇浸泡 2 天，取出后再在真空干燥箱中 80℃ 真空干燥 6h，真空度为 -0.07 ~ -0.09MPa（如无特殊说明，下文中再提到真空干燥或真空加热所指的真空度都为 -0.07 ~ -0.09MPa），用以除去试样中的无水乙醇和可挥发水。

表 3-1 橡胶砂浆配合比设计

编 号	水泥/g	砂子/g	水/g	橡胶/g
RM-100-0	450±2	1350±5	225±1	0
RM-100-3	450±2	1323±5	225±1	9±0.1
RM-100-5	450±2	1283±5	225±1	15±0.1
RM-100-10	450±2	1215±5	225±1	30±0.1
RM-100-20	450±2	1080±5	225±1	60±0.1
RM-100-30	450±2	945±5	225±1	90±0.1

图 3-1 压汞分析砂浆试样

按照《压汞法和气体吸附法测定固体材料孔径分布和孔隙度国家标准》（GB/T 21650.1—2008）压汞法（mercury intrusion porosimetry，MIP）测定试样孔径分布和孔隙率，压汞仪为 Autopore Ⅳ 全自动压汞仪。

3.1.5　橡胶表面接触角测定

在已初步切割的废旧卡车轮胎上切取 1cm×1cm 的方形薄片，用蒸馏水将表面清洗干净，在鼓风干燥箱中 60℃ 干燥至恒重。分别用自来水与水泥净浆泌水作为润湿介质测试橡胶颗粒的表面接触角。

将上述 1cm×1cm 的方形薄片表面用 200 目砂纸打磨 1min，将其表面打磨粗糙，用蒸馏水将表面清洗干净，在鼓风干燥箱中 60℃ 干燥至恒重。再次分别用自来水与水泥净浆泌水作为润湿介质测试橡胶颗粒的表面接触角。

水泥净浆泌水制备方法：将水胶比为 0.8 的水泥净浆在 1000mL 玻璃杯中用玻璃棒搅拌均匀，封口静置 24h，用吸管吸取表层清液所得。

接触角测量仪采用 JC2000C1 接触角/界面张力测量仪。

3.1.6　橡胶颗粒表面形貌观测

用 SEM 观察分析橡胶颗粒表面粗糙程度，用于分析其对橡胶-水泥石界面影响机理。扫描电子显微镜型号为 JSM-6390/LV。

3.2　橡胶-水泥石界面过渡区分析

3.2.1　显微硬度分析结果

图 3-2 为在硬度测试前用相机对准目镜拍得的界面照片，以图像中观测到的橡胶颗粒表面为起点，向水泥基体侧移动测试显微硬度，在橡胶颗粒周围相近距离测试多个硬度值，记录硬度变化，结果如图 3-3 所示。

从图 3-2 可以初步看出，橡胶与水泥石间存在着一个明亮的过渡区域，橡胶边界明显。从图 3-3 中显微硬度分布看，由于橡胶为弹性物质，在其表面难以留下压痕，无法测得橡胶表面的显微硬度。从图 3-2 中所标示的橡胶界面测量，有的区域在 15μm 的范围内没有明显的显微硬度，当距离达到 15μm 以上时，才有明显的显微硬度，当距离达到 85μm 时，显微硬度达到并稳定在 45MPa 左右；有的区域在 25μm 的范围内仍没有明显的显微硬度，当距离达到 25μm 以上时，才有明显的显微硬度，当距离达到 110μm 以上时，显微硬度达到并稳定在 45MPa 左右。说明橡胶-水泥石界面过渡区的宽度在 85～110μm 之间，根据 3.2.2 节 SEM 观测结果，无法测出显微硬度的区域可能是裂隙，除去这部分裂隙宽度后，可测得显微硬度的橡胶-水泥石界面过渡区宽度在 75μm 左右。

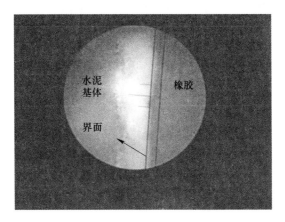

图 3-2 橡胶-水泥石界面照片（×400）

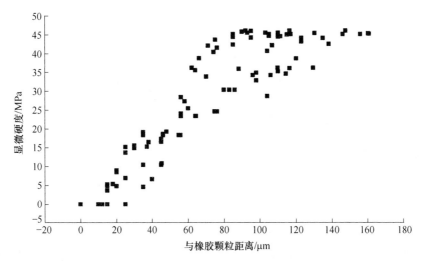

图 3-3 橡胶-水泥石界面过渡区显微硬度分布

3.2.2 SEM-EDS 分析结果

图 3-4 为橡胶-水泥石界面过渡区 SEM 观测结果，可以发现橡胶-水泥石间存在着较大的裂隙，裂隙大小在 $10\sim40\mu m$ 之间，这与显微硬度在距橡胶表面 $15\mu m$ 前没有数据相互印证。从图 3-4 可以看到，在橡胶颗粒表面黏附有水泥水化产物，这说明橡胶-水泥石界面有可能是在制样过程中受到了影响，发生了扩大。从另一个侧面也说明了橡胶颗粒与水泥石界面结合比较薄弱，在较小的应力作用下便会发生破坏。

在 SEM 所观测橡胶-水泥石界面结构的基础上，在橡胶颗粒周围选取若干微

(a)

(b)

图 3-4 橡胶–水泥石界面 SEM 图

小区域，利用电子探针微区分析法进行线扫描分析，用于测定橡胶颗粒表面周围元素的分布。图 3-5 为线扫描路径，贯穿了水泥基体，界面过渡区和橡胶颗粒。图 3-6 为扫描线上 Si 元素的分布，可以看出在距界面裂隙 50μm 以内 Si 元素的含量要大于 50μm 以外的含量。图 3-7 为扫描线上 Ca 元素的分布，在距界面裂隙 50μm 以内 Ca 元素的含量要小于 50μm 以外的含量。这样的观测结果与普通砂石骨料水泥石界面过渡区元素分布的观测结果相反[98]。图 3-8 为扫描线上 C 元素的分布，可以看到，在水泥基体中也有部分 C 元素分布，这包括橡胶颗粒中的小分子有机物扩散到水泥基体中的 C 元素，也包括水泥基体中原有的碳酸根等中的C 元素。

为了进一步分析橡胶颗粒周围水泥石 Ca 元素和 Si 元素的分布情况，采用电子探针点分析方法，以橡胶–水泥石界面处水泥基体侧为起始点，标记为 0，以10μm 左右的步距，向水泥基体侧依次选择分析点，在橡胶颗粒周围共选择 4 个分析范围，分别标记为 I ~ IV，如图 3-9 所示。测试结果见表 3-2，计算同一距离

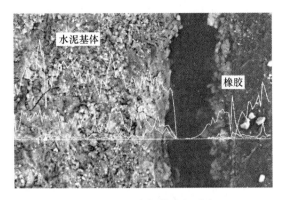

图 3-5 EDS 线扫描分析路径

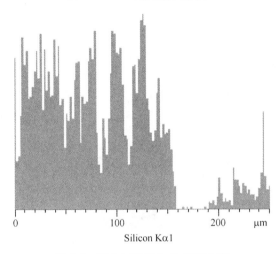

图 3-6 EDS 扫描线上 Si 元素分布

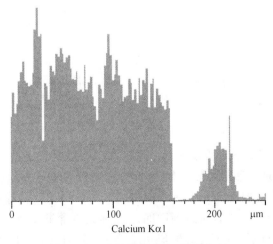

图 3-7 EDS 扫描线上 Ca 元素分布

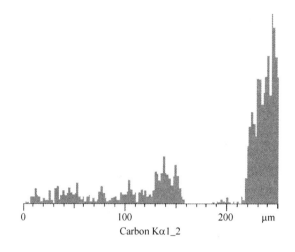

图 3-8　EDS 扫描线上 C 元素分布

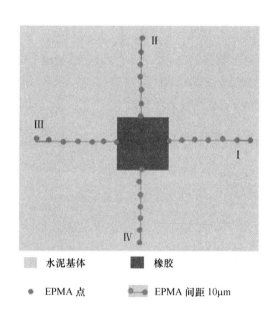

图 3-9　EDS 点扫描选区示意图

内 Ca 元素和 Si 元素的平均质量含量，除以各自相对原子质量，换算为原子摩尔含量。以平均 Ca 原子摩尔含量与 Si 原子平均摩尔含量之比对距橡胶-水泥石界面的距离作图，结果如图 3-10 所示。从表 3-2 可以看出，从橡胶-水泥石界面处向水泥基体内部，Ca 元素含量逐渐增加，而 Si 元素含量逐渐降低，距离橡胶-水泥石界面达到 60μm 后，Ca 元素与 Si 元素含量都不再明显变化，说明元素分布已经稳定，已经与水泥基体内部元素分布相同。由此分析橡胶-水泥石界面过渡区宽度在 $60\mu m$ 左右，与显微硬度分析方法所获得的界面过渡区宽度近似相同。从图 3-10 可以看出，Ca 元素与 Si 元素摩尔含量之比（$n(Ca)/n(Si)$）随着橡胶-水泥石界面的距离增加而增加，在 $20\mu m$ 内增加幅度不大，$20\mu m$ 之后增加迅速。

表 3-2 元素含量分布 EDS 点分析结果 （%）

分析区	元素	距橡胶-水泥石距离/μm						
		0	10	20	30	40	50	60
I	Ca	36.2	41.0	41.2	44.8	52.4	52.9	51.8
	Si	16.7	15.4	15.5	10.7	10.5	9.0	10.1
II	Ca	40.4	43.3	42.5	46.8	51.8	52.7	52.6
	Si	15.6	13.5	13.1	11.4	9.8	10.2	9.6
III	Ca	38.9	42.3	45.6	48.9	50.3	52.5	54.0
	Si	16.0	15.1	14.5	12.6	13.0	9.5	9.2
IV	Ca	41.2	43.2	41.6	46.8	51.7	50.8	52.9
	Si	15.6	15.0	15.2	11.8	10.3	10.9	9.4
平均	Ca	39.2	42.5	42.7	46.8	51.6	52.2	52.8
	Si	16.0	14.8	14.6	11.6	10.9	9.9	9.6
平均原子含量	Ca	1.0	1.1	1.1	1.2	1.3	1.3	1.3
	Si	0.6	0.5	0.5	0.4	0.4	0.4	0.3

3.2.3 XRD 分析结果

图 3-11 为从橡胶-水泥石界面向水泥基体内部的不同深度 XRD 物相分析结果，从界面向水泥基体内部每 $15\mu m$ 为一层，共计 5 层，分别记为 $L_{0\sim15}$，$L_{15\sim30}$，$L_{30\sim45}$，$L_{45\sim60}$，$L_{60\sim75}$。以氢氧化钙（CH）在 $34.07°$ 所对应的衍射峰强度 I_1 与硅酸三钙（C_3S）在 $33.63°$ 所对应的衍射峰强度 I_2 来表征两者相对含量变化，见表 3-3。从图 3-11 和表 3-3 可以发现，橡胶-水泥石界面处 $L_{0\sim15}$ 层未水化的 C_3S 含量

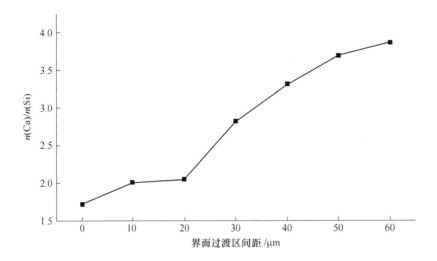

图 3-10　橡胶-水泥石界面过渡区 $n(\mathrm{Ca})/n(\mathrm{Si})$ 分布

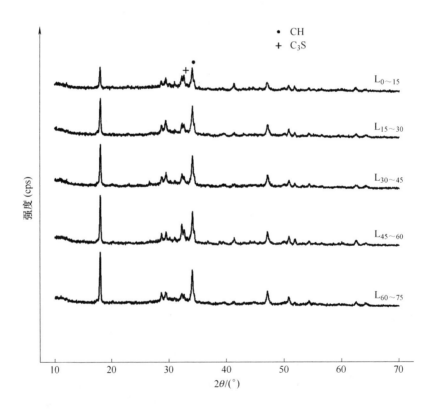

图 3-11　橡胶-水泥石界面过渡区不同深度 XRD 分析

较高，水泥基体内部 $L_{60\sim75}$ 层未水化的硅酸三钙 C_3S 含量相对较低；CH 含量从界面处向水泥基体内部依次增加，在界面处没有富集，反而含量较水泥基体内部更低，这个结果与 SEM-EDS 测试结果相同。说明在橡胶-水泥石界面处，水泥水化程度与水泥基体内部相比要低。

表 3-3　橡胶-水泥石界面过渡区不同深度 CH 与 C_3S 峰强

衍射峰	$L_{0\sim15}$	$L_{15\sim30}$	$L_{30\sim45}$	$L_{45\sim60}$	$L_{60\sim75}$
I_1	493	519	578	661	716
I_2	213	182	198	218	178
I_1/I_2	2.31	2.85	2.92	3.03	4.02

3.2.4 橡胶砂浆孔结构测试结果

压汞法测得的各试样孔径分布曲线如图 3-12 所示，从图 3-12 可以看出，随橡胶颗粒等体积取代砂子量（为方便起见，下文用"橡胶颗粒掺量"代替"橡胶颗粒等体积取代砂子量"）的增加最可几孔径（出现概率最大的孔径）向大孔方向移动，这和文献［99］所得结果一致。尤其当橡胶颗粒掺量达到 20% 以上时，最可几孔径甚至达到了微米级，RM-100-20，RM-100-30 试样最可几孔径分别为 2.5μm 和 89.1μm。而橡胶颗粒掺量为 3% 的试样 RM-100-3 与空白试样 RM-100-0 的最可几孔径相当，分别为 32.4nm 和 26.3nm。

孔隙率随橡胶掺量变化曲线如图 3-13 所示，可以看出，随橡胶颗粒掺量的增加，试样孔隙率增加。3% 掺量时孔隙率与空白试样相近，掺量在 5%~20% 之间时试样孔隙率近似线性增加，但增加速率小于橡胶掺量增加速率，而 30% 掺量时孔隙率有一个较大幅度的增加。

孔体积累计分布曲线如图 3-14 所示，不同孔径区间的孔体积占总孔体积的百分比列于表 3-4。从图 3-14 和表 3-4 可以看出，除 RM-100-3 试样外，其余试样孔体积中大孔（$D>1000$nm）所占比例明显增加，且与橡胶颗粒掺量有近似线性关系。RM-100-0 试样大孔（$D>1000$nm）所占比例为 34.20%，RM-100-5、RM-100-10、RM-100-20、RM-100-30 试样大孔（$D>1000$nm）所占比例分别增加到 41.93%、40.90%、44.35% 和 54.30%，而凝胶孔（$D<10$nm）所占比例从 RM-100-0 的 4.23% 减少到 RM-100-20、RM-100-30 的 2.84% 左右。虽然高橡胶颗粒掺量砂浆凝胶孔所占比例降低，但由于其总孔隙率增大，两者乘积相差不大，即各试样凝胶孔孔体积含量近似相同，在 0.0024~0.0033mL/g 之间。

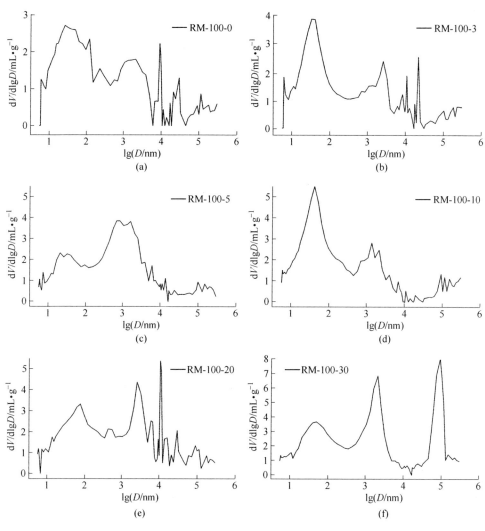

图 3-12　不同掺量橡胶砂浆孔径分布

（a）0%；（b）3%；（c）5%；（d）10%；（e）20%；（f）30%

表 3-4　橡胶砂浆孔径区间分布　　　　　　（%）

试样编号	<10nm	10~10nm	100~1000nm	>1000nm	5.5~90855nm
RM-100-0	4.23	37.79	23.78	34.20	100.00
RM-100-3	4.62	44.27	16.56	34.55	100.00
RM-100-5	3.05	23.76	31.26	41.93	100.00

续表 3-4

试样编号	<10nm	10~10nm	100~1000nm	>1000nm	5.5~90855nm
RM-100-10	4.61	31.55	22.94	40.90	100.00
RM-100-20	2.94	26.59	26.12	44.35	100.00
RM-100-30	2.84	25.77	17.10	54.30	100.00

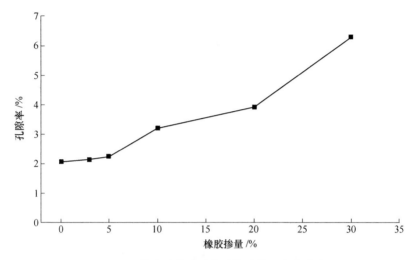

图 3-13 橡胶砂浆孔隙率随橡胶掺量变化曲线

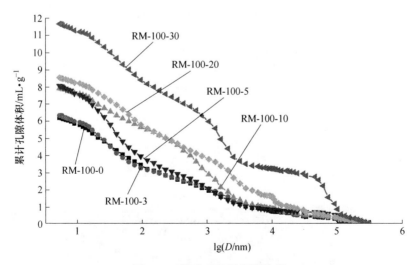

图 3-14 橡胶砂浆累积孔体积

3.2.5　橡胶表面接触角测试结果

图 3-15 为自来水与试验所用橡胶表面的接触角测定照片，经大量测量，发现橡胶表面与自来水的接触角在 93°左右。图 3-16 为自来水与经 200 目砂纸打磨表面的橡胶表面接触角测定照片，接触角在 115°左右。说明废旧轮胎橡胶表面具有憎水性。这主要是因为废旧卡车轮胎胎面主要由天然橡胶、顺丁橡胶和丁苯橡胶构成[76]，在轮胎生产过程中会加入各种助剂，包括硫化体系（硫磺、金属氧化物等），防护体系（石蜡、酚类、胺类），填充补强体系（炭黑、二氧化硅等），增塑及软化体系（硬脂酸、松焦油、三线油等）。三种主要胶料都为非极性材料，具有明显的憎水性[100]，与各种助剂混炼硫化后，生产的轮胎仍然具有

图 3-15　水-橡胶表面接触角

图 3-16　水-橡胶粗糙表面接触角

憎水性。刘春生等[101]也测量了载重子午胎胎面胶与水的表面接触角，根据表面粗糙程度不同接触角在91.34°~115.59°之间，与本试验测试结果相近。

图3-17为水泥净浆泌水与试验所用橡胶表面的接触角测定照片，经大量测量，发现橡胶表面与水泥净浆泌水的接触角在86°左右，与自来水接触角相比有所减小，这主要是因为水泥净浆泌水呈强碱性，对橡胶颗粒表面吸附的有机助剂可以起到清洗作用，因此水泥净浆泌水更易于与憎水性橡胶表面浸润。图3-18为水泥净浆泌水与经200目砂纸打磨表面的橡胶表面接触角测定照片，接触角在110°左右，与自来水相比没有明显变化。

图3-17　水泥净浆泌水-橡胶表面接触角

图3-18　水泥净浆泌水-橡胶粗糙表面接触角

3.2.6　橡胶颗粒表面形貌观测结果

图 3-19~图 3-22 分别为 5 目、20 目、40 目、100 目橡胶颗粒的 SEM 照片，可以看出，橡胶颗粒表面凹凸不平，存在着较多的凹坑和毛刺，比表面积大。这主要是因为橡胶颗粒采用常温摩擦法生产，而摩擦法主要是靠辊筒间的摩擦力将

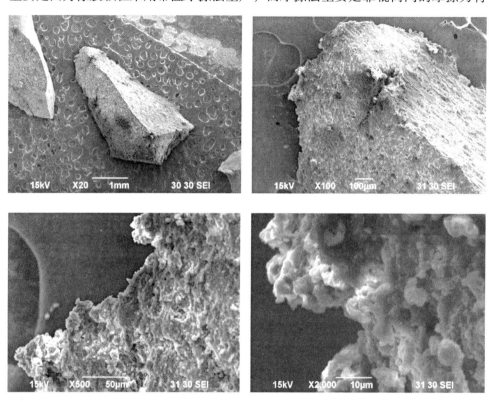

图 3-19　5 目橡胶颗粒 SEM 照片

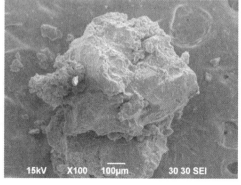

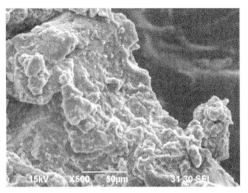

图 3-20　20 目橡胶颗粒 SEM 照片

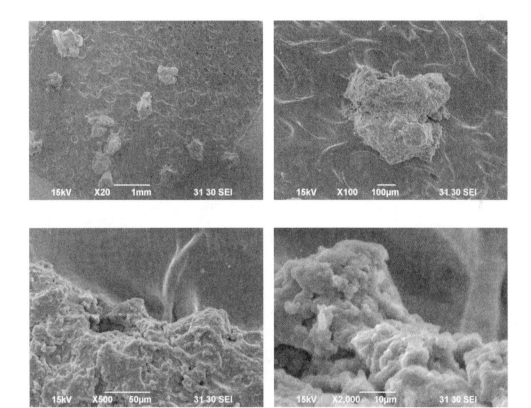

图 3-21　40 目橡胶颗粒 SEM 照片

轮胎剪切撕裂为小颗粒，所以橡胶颗粒表面比较粗糙，而且粒径越小，受到的摩擦次数越多，相对于橡胶颗粒整体来说表面越粗糙。尤其对于 100 目橡胶颗粒，由于粒径较小，表面的沟槽和凹坑深度几乎达到了颗粒大小的一半。

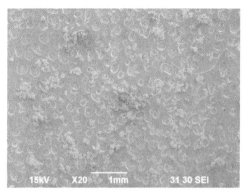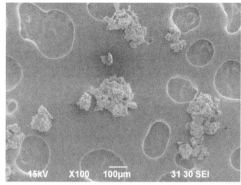

图 3-22　100 目橡胶颗粒 SEM 照片

3.3　橡胶-水泥石界面过渡区形成机理

从 3.2 节试验结果可以看出，橡胶-水泥石界面处结合薄弱，与普通砂石骨料-水泥石界面过渡区存在着不同的元素分布和矿物分布，橡胶骨料会大幅度提高砂浆的孔隙率。橡胶颗粒表面粗糙并且具有憎水性，这对橡胶-水泥石特殊界面过渡区形成必然有极大的影响。本节将就橡胶-水泥石界面过渡区形成机理进行分析，以期为寻找改善橡胶-水泥石界面结合方法提供理论基础。

3.3.1　液体在固体表面的铺展分析

接触角是指在气、液、固三相交点处所做的气-液界面的切线穿过液体与固-液交界线之间的夹角，是润湿程度的量度，是由固-液、固-气、液-气三个不同界面相互作用的一个系统。在理想状态下，液体在固体表面形状为球体的一部分。

如图 3-23（a）所示，在理想状态下，假设液体在固体表面的接触角为 θ_1，在固体表面呈底面半径为 r_1，高为 h_1 的球缺状，球半径为 R_1，固-液、固-气、液-气三个界面的界面张力分别为 σ_{sl}、σ_{sg}、σ_{lg}，则三者之间存在着 Young 方程（见式（3-1））所限定的关系。此时无论力学系统还是热力学系统都处于平衡状态。

$$\sigma_{sg} - \sigma_{sl} = \sigma_{lg}\cos\theta_1 \tag{3-1}$$

以液滴为研究对象，如图 3-23（b）所示，当气、液、固三相交点处的夹角（为方便讨论，下文简称铺展接触角）由 θ_1 变为 θ_2，液滴在固体表面呈底面半径为 r_2，高为 h_2 的球缺状，球半径为 R_2，此过程必然需要外力做功。假设此过程液滴温度不变，体积不变，物质的量不变，则在此过程中液滴系统的吉布斯自由能必然变化，变化量等于外力所做的功。由于此过程使原来的固-液、固-气、液-气三个不同界面发生了变化，系统吉布斯自由能的变化也等于 σ_{sl}、σ_{sg}、σ_{lg} 三个界面能变化之和，可由式（3-2）计算。根据图 3-23，ΔA_{sl} 与 ΔA_{sg} 相等，可由式（3-3）计算，ΔA_{lg} 可由左右两个球冠面积差计算，如式（3-4）所示。

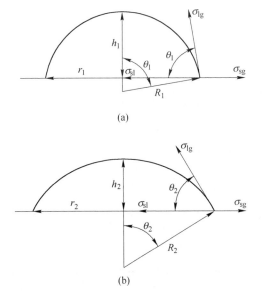

(a)

(b)

图 3-23　液体在固体表面铺展示意图

（a）理想状态；（b）铺展状态

$$\Delta G = \sigma_{sl}\Delta A_{sl} + \sigma_{lg}\Delta A_{lg} - \sigma_{sg}\Delta A_{sg} = \sigma_{lg}\Delta A_{lg} - \sigma_{lg}\cos\theta_1\Delta A_{sl} \tag{3-2}$$

式中　ΔG——吉布斯自由能变化量；

ΔA_{sl}——固-液界面面积变化量；

ΔA_{lg}——液-气界面面积变化量；

ΔA_{sg}——固-气界面面积变化量。

$$\Delta A_{sl} = \Delta A_{sg} = \pi(r_2^2 - r_1^2) = \pi(R_2^2\sin^2\theta_2 - R_1^2\sin^2\theta_1) \tag{3-3}$$

$$\Delta A_{lg} = 2\pi(R_2h_2 - R_1h_1) = 2\pi[R_2^2(1 - \cos\theta_2) - R_1^2(1 - \cos\theta_1)] \tag{3-4}$$

将式（3-3），式（3-4）代入式（3-2）得：

$$\Delta G = \sigma_{lg}\Delta A_{lg} - \sigma_{lg}\cos\theta_1\Delta A_{sl}$$

$$= \pi\sigma_{lg}\{2[R_2^2(1 - \cos\theta_2) - R_1^2(1 - \cos\theta_1)] -$$

$$\cos\theta_1(R_2^2\sin^2\theta_2 - R_1^2\sin^2\theta_1)\} \tag{3-5}$$

由于假设液体的体积不变，即图 3-23 中（a）、（b）两个球缺体积相等，则有：

$$\frac{\pi}{3}h_1^2(3R_1 - h_1) = \frac{\pi}{3}h_2^2(3R_2 - h_2) \tag{3-6}$$

由式（3-6）可以推出：

$$R_2^3(1 - \cos\theta_2)^2(2 + \cos\theta_2) = R_1^3(1 - \cos\theta_1)^2(2 + \cos\theta_1) \tag{3-7}$$

因此：

$$R_2^2 = R_1^2\left[\frac{(1 - \cos\theta_1)^2(2 + \cos\theta_1)}{(1 - \cos\theta_2)^2(2 + \cos\theta_2)}\right]^{2/3} = AR_1^2 \tag{3-8}$$

将式（3-8）代入式（3-5）：

$$\Delta G = \pi\sigma_{lg}\{2[AR_1^2(1 - \cos\theta_2) - R_1^2(1 - \cos\theta_1)] - \cos\theta_1(AR_1^2\cos^2\theta_2 - R_1^2\cos^2\theta_1)\}$$

$$= \pi\sigma_{lg}R_1^2\{2[A(1 - \cos\theta_2) - (1 - \cos\theta_1)] - \cos\theta_1(A\sin^2\theta_2 - \sin^2\theta_1)\}$$

$$= \pi\sigma_{lg}R_1^2B \tag{3-9}$$

式中，$B = 2[A(1 - \cos\theta_2) - (1 - \cos\theta_1)] - \cos\theta_1(A\sin^2\theta_2 - \sin^2\theta_1)$；$A = \left[\dfrac{(1 - \cos\theta_1)^2(2 + \cos\theta_1)}{(1 - \cos\theta_2)^2(2 + \cos\theta_2)}\right]^{2/3}$。

对于式（3-9），其中 σ_{lg}，π 为常数，ΔG 为 θ_1、θ_2 和 R_1 的函数，记为式（3-10），式中 θ_1 的取值范围为 $[0, \pi]$，θ_2 的取值范围为 $(0, \pi)$。由于这里研究的是液体在固体表面的铺展问题，因此限定 $\theta_2 \leqslant \theta_1$，而且下面研究中已知液体

与固体的表面接触角 θ_1，同时不讨论 R_1 的影响，即假定 R_1 为常数。

$$\Delta G = f(\theta_1, \theta_2, R_1) \tag{3-10}$$

根据吉布斯自由能 G 与亥姆霍兹自由能 F 的关系式（3-11）[102]（式中，P 为液滴系统的压力，V 为液滴系统的体积）：

$$G = F + PV \tag{3-11}$$

在液滴铺展过程中，吉布斯自由能的变化为：

$$\Delta G = \Delta F + \Delta(PV) \tag{3-12}$$

由于此过程为等温、等容、无物质的量变化的过程，系统亥姆霍兹自由能 F 变化为零，体积 V 保持恒定，则：

$$\Delta G = \Delta F + \Delta(PV) = V\Delta P \tag{3-13}$$

又由于吉布斯自由能 G 与化学势 μ 之间存在着如式（3-14）所示的关系式[103]（式中，n 为物质的量）：

$$G = \mu n \tag{3-14}$$

由于此过程中物质的量 n 不变，所以：

$$\Delta G = \Delta(\mu n) = n\Delta\mu \tag{3-15}$$

比较式（3-9），式（3-14），式（3-15），可以看出：

$$\Delta G = n\Delta\mu = V\Delta P = \pi\sigma_{lg}R_1^2 B \tag{3-16}$$

式（3-16）中 V 为球缺体积，可以用球的半径 R_1 计算，换算后可以得到式（3-17），表征了两个状态压力差 ΔP 与铺展接触角 θ_2 之间的关系。

$$\Delta P = \frac{3\sigma_{lg}}{R_1} \frac{B}{(1 - \cos\theta_1)^2(2 + \cos\theta_1)} \tag{3-17}$$

根据以上讨论，可以得出如下结论：

（1）当液-固表面接触角 θ_1 为 0 时，液体将自发地在固体表面铺展，$\Delta G \leqslant 0$；

（2）如果 $\theta_1 > 0$，则液体在固体表面的铺展必然需要消耗一定的功，其大小可以由式（3-9）计算；

（3）由于 θ_2 趋向于 0 时，ΔG 趋向于无穷大，即在外力作用下，液体无法达到与固体表面完全浸润的程度；

（4）由式（3-16）可以得到，液体在固体表面铺展过程中，液体的化学势 μ 必然增加；液体的压力 P 必然增加。

3.3.2　橡胶颗粒表面形貌简化

从橡胶颗粒表面 SEM 图像分析发现橡胶颗粒表面凹凸不平，存在着大量的凹坑和沟槽。为了分析方便，在不影响进一步分析机理的前提下，将橡胶颗粒表面的凹坑和沟槽都简化为不同大小的单底圆柱，如图 3-24 所示，半径为 r，深度为 d。橡胶颗粒粒径越小，其表面凹坑沟槽越多，可视为粗糙表面的比例越大，平整表面的比例越小。

引入表面粗糙度表征参数 φ，可由式（3-18）计算，表示橡胶表面真实表面积 S_r 与将橡胶表面看作平整面时的表面积 S_f 之比，可以用来表征橡胶表面粗糙程度。

$$\varphi = \frac{S_r}{S_f} \tag{3-18}$$

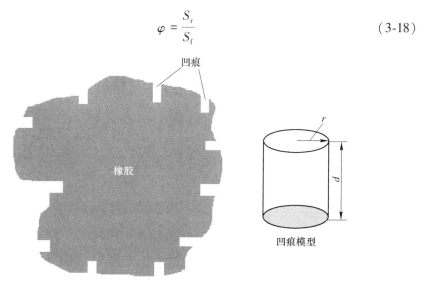

图 3-24　橡胶颗粒表面凹坑简化模型

3.3.3　水在橡胶表面的铺展

对于水在橡胶表面的铺展过程，取水与平整橡胶表面的接触角 θ_1 为 93°，水与粗糙橡胶表面的接触角 θ_1 为 115°，水泥净浆泌水与平整橡胶表面的接触角 θ_1 为 86°，水泥净浆泌水与粗糙橡胶表面的接触角 θ_1 为 110°。因此式（3-9）中，取 $\sigma_{lg} = 72.75 \times 10^{-3} \mathrm{N/m}$，$\theta_1$ 分别取以上四个值，π 值取 3.14159，以 $\lg(\Delta G/R_1^2)$ 对 θ_2 作图，如图 3-25 所示，由于这里研究水在橡胶表面的铺展过程，所以取 $\theta_2 \leqslant \theta_1$。可以看出，对于四个不同的 θ_1 值，曲线具有相同的变化规律，从 $\theta_2 = 0.8\mathrm{rad}$ 向两边看，随着 θ_2 不断减小，$\lg(\Delta G/R_1^2)$ 不断增加，起初增加速率不大，当 θ_2 小到一定程度，增加速率又迅速增大，存在一个 $\theta_2 = 0$ 的渐进线；随

着 θ_2 不断增加，$\lg(\Delta G/R_1^2)$ 不断减小，起初减小速率不大，当 θ_2 接近 θ_1 时，减小速率迅速增大，存在一个 $\theta_2 = \theta_1$ 的渐进线。θ_1 越大，相同的 θ_2 对应的 $\lg(\Delta G/R_1^2)$ 越大，说明达到相同的铺展接触角需要做更多的功，水在其表面铺展越困难。

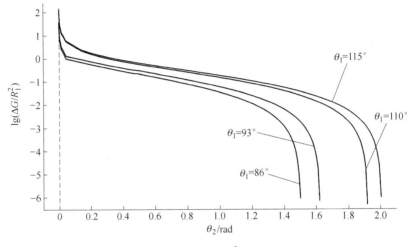

图 3-25 $\lg(\Delta G/R_1^2)$-θ_2 图

对于粗糙的橡胶表面，水在其上铺展过程示意图如图 3-26 所示，由于橡胶表面存在着大量凹坑，水在铺展的过程中，一部分凹坑可以充满，一部分凹坑难以进入。根据王晓东等[104]研究结果，水与粗糙表面接触角 θ_r 与平整表面接触角 θ_f 之间存在着如式（3-19）所示的关系：

$$\cos\theta_r = \frac{S_f}{S_w}\cos\theta_f \tag{3-19}$$

式中，S_f 为将橡胶表面看作平整面时的表面积，S_w 为水与橡胶表面的实际接触面积。因此，当采用粗糙表面接触角 θ_r 替代平整表面接触角 θ_f 进行研究时，可以将橡胶表面看作是平整表面，但其面积不包括水不能进入的那部分凹坑表面积。

因此，对于本研究中的橡胶颗粒表面，铺展液体为水时，θ_f 为 93°左右，而橡胶颗粒表面与水的接触角 θ_r 难以测得，为了讨论方便，将 θ_r 近似取水与 200 目砂纸打磨的橡胶表面接触角 115°来讨论。铺展液体为水泥净浆泌水时，θ_f 为 86°左右，θ_r 取 110°。

3.3.4　橡胶-水泥石界面过渡区孔隙形成机理

橡胶-水泥石界面过渡区结构测试结果及橡胶砂浆孔结构测试结果说明，橡

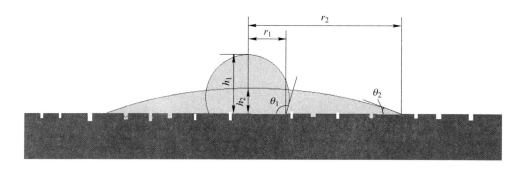

图 3-26　液体在橡胶表面的铺展

胶-水泥石界面过渡区存在着较大的孔隙率，与橡胶颗粒表面粗糙性和憎水性有关，但关于橡胶-水泥石界面处孔隙的形成机理至今没有详细研究报道。下面将就此展开分析与讨论。

假设在橡胶水泥净浆搅拌过程中，橡胶颗粒没有发生压缩变形，水泥颗粒半径都大于橡胶颗粒表面圆柱形凹坑半径。因此，橡胶颗粒表面凹坑内部将没有水泥颗粒填充。水泥颗粒在橡胶表面堆积如图 3-27 所示，另外由于边壁效应[105]，水泥颗粒在橡胶骨料周围的堆积密度要小于水泥基体内部。

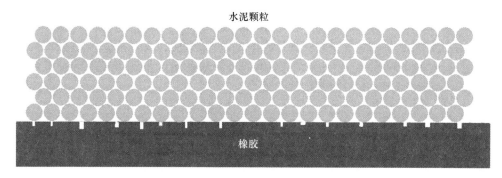

图 3-27　水泥颗粒在橡胶表面的堆积

加水搅拌后，水泥浆体在橡胶表面分布情况如图 3-28 所示。将橡胶颗粒表面看作粗糙表面，由于浆体本身的静压力和搅拌过程造成的压力的共同作用，水泥浆体中的水在橡胶表面会发生铺展，铺展接触角将小于水与粗糙橡胶表面接触角 115°。

如图 3-28 中所示，以橡胶表面一部分水为研究对象，假设铺展后所形成的橡胶表面球缺高度为 d_L，铺展后水与橡胶表面的铺展接触角为 θ_s，铺展前这部分水在橡胶表面形成的球缺高度为 d_1，接触角为 θ_1。

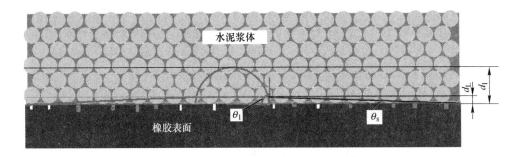

图 3-28　新拌浆液中橡胶-水泥界面

此处的 d_L 与 d_1 相当于图 3-26 中的 h_2 和 h_1。在图 3-26 中，两个球缺的体积相等，由式（3-6）可以推出两个球缺的高度比为：

$$\frac{h_1}{h_2} = \left[\frac{(1 - \cos\theta_1)(2 + \cos\theta_2)}{(1 - \cos\theta_2)(2 + \cos\theta_1)}\right]^{\frac{1}{3}} \tag{3-20}$$

所以

$$\frac{d_L}{d_1} = \left[\frac{(1 - \cos\theta_s)(2 + \cos\theta_1)}{(1 - \cos\theta_1)(2 + \cos\theta_s)}\right]^{\frac{1}{3}} = E \tag{3-21}$$

以 d_L/d_1 对 θ_s 作图，结果如图 3-29 所示，随着 θ_s 的增加，d_L/d_1 不断增大，当 θ_s 等于 θ_1 时，d_L/d_1 等于 1。随 θ_1 的增加，相同 θ_s 对应的 d_L/d_1 值减小。

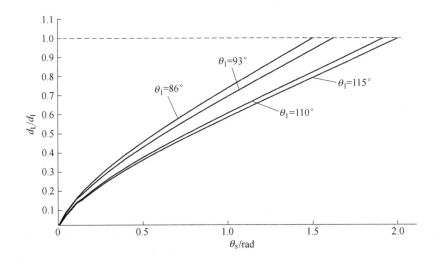

图 3-29　d_L/d_1-θ_s 图

随着搅拌停止以及水泥水化的进行，浆体内的水不断被消耗，浆体本身的静压力和搅拌过程造成的压力都将逐渐消失，已铺展的水将恢复到铺展前的状态，即在橡胶颗粒表面 d_L 高度范围内产生了排水作用，这个过程中将留下如图 3-30 中所示的孔隙 V_p，这便是橡胶-水泥石界面处孔隙率形成的机理。下面对其进行定量分析。

由于高为 d_L 的球缺体积等于高为 d_1 的球缺体积，V_p 可以由高为 d_1 的球缺体积减去两球缺共有的体积而得。又因为 d_L 与 d_1 相比小很多，可以近似把水铺展后的球缺顶面看作平面，所以 V_p 近似等于高为（d_1-d_L）的球缺的体积，可由式（3-22）计算，式中 R_1 为高为 d_1 的球缺半径。V_p 已包含了橡胶颗粒表面可以被水充填的那一部分凹坑体积，但并不包含橡胶颗粒表面不能被水充填的凹坑体积。

孔隙体积 V_p 所占图 3-30 中以铺展后的底面积为底、以 d_L 为高的圆柱体积的比例可以由式（3-23）计算，即这个圆柱空间的孔隙率 v_p 可以用式（3-23）计算。

$$
\begin{aligned}
V_p &= \frac{\pi}{3}(d_1 - d_L)^2 \left[(3R_1 - (d_1 - d_L)) \right] \\
&= \frac{\pi}{3}R_1^3(1 - \cos\theta_1)^2(1 - E)^2[2 + \cos\theta_1 + E(1 - \cos\theta_1)]
\end{aligned}
\tag{3-22}
$$

$$
R_1 = \frac{d_1}{1 - \cos\theta_1}; \quad E = \frac{d_L}{d_1} = \left[\frac{(1 - \cos\theta_s)(2 + \cos\theta_1)}{(1 - \cos\theta_1)(2 + \cos\theta_s)} \right]^{\frac{1}{3}}
$$

$$
\begin{aligned}
v_p &= \frac{V_p}{\pi r_L^2 d_L} \\[6pt]
&= \frac{\dfrac{\pi}{3}R_1^3(1 - \cos\theta_1)^2(1 - E)^2[2 + \cos\theta_1 + E(1 - \cos\theta_1)]}{\pi R_L^2 \sin^2\theta_s R_L(1 - \cos\theta_s)} \\[6pt]
&= \frac{\dfrac{\pi}{3}R_1^3(1 - \cos\theta_1)^2(1 - E)^2[2 + \cos\theta_1 + E(1 - \cos\theta_1)]}{\pi A^{3/2}R_1^3 \sin^2\theta_s(1 - \cos\theta_s)} \\[6pt]
&= \frac{(1 - E)^2[2 + \cos\theta_1 + E(1 - \cos\theta_1)](1 - \cos\theta_s)(2 + \cos\theta_s)}{3\sin^2\theta_s(2 + \cos\theta_1)}
\end{aligned}
\tag{3-23}
$$

由于在橡胶表面存在着水泥颗粒，所以在水泥水化过程中，图 3-30 所示的空隙中应该还有水泥颗粒及其水化物的存在，如图 3-31 所示。设橡胶表面 d_L 高度范围内水泥颗粒填充率为 f，水泥颗粒水化后膨胀率为 ε，则单位橡胶颗粒表面的实际空隙率 v_{rp} 应该由式（3-24）计算。

$$v_{rp} = v_p(1 - \varepsilon f) \tag{3-24}$$

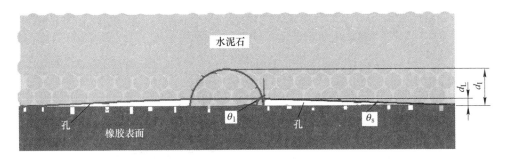

图 3-30 橡胶-水泥石界面空隙形成机理

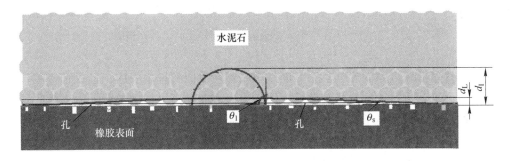

图 3-31 橡胶-水泥石界面真实空隙形成机理

以 v_p 对 θ_s 作图，结果如图 3-32 所示，随着 θ_s 的减小，v_p 不断增大，当 $\theta_s = \theta_1$ 时，$v_p = 0$。随 θ_1 的增加，曲线垂直坐标轴正方向移动，即 θ_s 相同时，v_p 随 θ_1 的增加而增加。θ_s 趋向于 0 时，v_p 趋向于 0.5。但当 θ_s 较大时，已不可以近似把水铺展后的球缺顶面看作平面，式（3-23）在较大 θ_s 时计算误差较大，但基本规律是相同的。

3.3.5 橡胶-水泥石界面过渡区元素分布规律形成机理

水泥正常水化过程中，水泥与水拌和早期为水泥浆悬浮体，水泥矿物溶解出 Ca^{2+}、OH^-、$[SiO_4]^{4-}$、SO_4^{2-} 等离子进入水中形成溶液，水泥颗粒表面形成富硅层，吸附 Ca^{2+} 形成 C-S-H 凝胶。水不断消耗，水泥颗粒不断水化膨胀，相互接触形成凝聚结构状态，当溶液中离子达到过饱和时，结晶形成氢氧化钙，钙矾石等晶体，最后形成了含有 C-S-H 凝胶、CH 晶体、Aft 晶体、未水化水泥和孔隙的水泥石结构[106]。

橡胶-水泥石界面过渡区的元素分布和矿物分布是在水泥水化过程中逐渐形

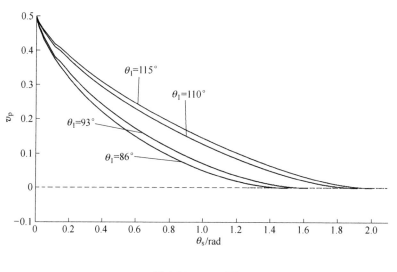

图 3-32　v_p-θ_s 图

成的，这包括两方面的影响。一方面是橡胶颗粒表面的排水效应，造成了橡胶颗粒周围离子随水快速远离橡胶颗粒表面；另一方面是离子扩散效应，由于橡胶颗粒表面附近溶液的离子有较高的化学势，会向远离橡胶颗粒表面的低化学势区域扩散，从而使橡胶颗粒-水泥石界面过渡区内橡胶表面附近的离子浓度低于其他区域。下面就这两方面进行讨论。

橡胶颗粒表面排水作用影响机理。在橡胶-水泥浆界面处，由式（3-17）可以看出，由于橡胶颗粒表面铺展开的水必然由于表面张力的作用而产生一个离开橡胶颗粒表面的力 ΔP，这个力与浆体本身的静压力和搅拌过程造成的压力之和 P_s 相关，当 P_s 随水泥的水化减小并最终消失后，橡胶颗粒表面的水必然在表面张力的作用下远离橡胶颗粒表面，起到排水作用，造成了图 3-30 所示距橡胶颗粒表面 d_L 范围内水泥水化所需水量不足，同时已经溶解在水中的离子也必然随水远离这个区域。本书中 XRD 分析结果表明橡胶-水泥石界面 15μm 范围内存在大量未水化的 C_3S 和 C_2S，而且在此范围内 $n(Ca)/n(Si)$ 较低，正是由这个原因造成的。

扩散作用影响机理。对于溶液体系中某一种离子，由物理化学基本公式可知，当其温度 T，压力 P 和摩尔质量 n 发生变化时，其吉布斯自由能的变化为：

$$dG = \left(\frac{\partial G}{\partial T}\right)_{P,n} dT + \left(\frac{\partial G}{\partial P}\right)_{T,n} dP + \left(\frac{\partial G}{\partial n}\right)_{P,T} dn \qquad (3-25)$$

由于水泥浆液体系温度 T 恒定，则：

$$dG = \left(\frac{\partial G}{\partial P}\right)_{T,n} dP + \left(\frac{\partial G}{\partial n}\right)_{P,T} dn \tag{3-26}$$

在不影响定性讨论的情况下，可以假设 $\left(\dfrac{\partial G}{\partial P}\right)_{T,n}$ 和 $\left(\dfrac{\partial G}{\partial n}\right)_{P,T}$ 为定值，分别记为 a 和 b。则：

$$dG = adP + bdn \tag{3-27}$$

溶液两处的吉布斯自由能之差可以对式（3-27）两边积分而得：

$$\Delta G = a\Delta P + b\Delta n \tag{3-28}$$

设定橡胶颗粒-水泥浆体界面附近和远处水溶液中两点的压力分别为 P_1，P_2，某种离子的摩尔数为 n_1，n_2。则这种离子在两点的吉布斯自由能之差为：

$$G_1 - G_2 = a(P_1 - P_2) + b(n_1 - n_2) \tag{3-29}$$

同样由式（3-17）可以看出，橡胶颗粒表面铺展开的水由于表面张力的作用而产生一个离开橡胶颗粒表面的力 ΔP，即距离橡胶颗粒较近的水溶液的压力 P_1 大于距离橡胶颗粒较远的水溶液压力 P_2，而水泥水化初期，不同区域水中离子浓度近似相同，即 $n_1 = n_2$，因此溶液压力高处的各种离子摩尔吉布斯自由能（化学势）μ_1 必然高于压力低处离子的摩尔吉布斯自由能（化学势）μ_2。由于化学势有趋于相等的倾向，水溶液中的离子便会从化学势高处向化学势低处扩散，造成化学势低处离子浓度增加。EDS 分析结果表明，在橡胶-水泥石界面处 Ca 元素随着与橡胶颗粒表面的距离增加而增加，正是这个原因造成的。

水泥水化溶解在水中的 Ca^{2+}、OH^-、$[SiO_4]^{4-}$ 等离子都会向远离橡胶颗粒表面的方向扩散，但由于离子扩散速率受到离子质量的影响，离子质量越大，扩散速率越小。所以 Ca^{2+}、OH^- 扩散速率要大于 $[SiO_4]^{4-}$，这可能是造成距离橡胶颗粒 $10 \sim 20\mu m$ 范围内 $n(Ca)/n(Si)$ 值没有大幅度增加的原因。CH 含量在远离橡胶颗粒表面的地方较高，也是由于这个原因造成的。其影响规律可以用 Fick 扩散第一和第二定律[107]来表征，本书未进行深入探讨，需要进一步研究。

从图 3-30 中可以看到，水在 P_s 消失后恢复铺展前状态时高度为 d_1，这说明在距离橡胶表面 d_1 范围内的水都存在着压力梯度或化学势梯度，离子分布都受到影响。d_1 便是橡胶-水泥石界面过渡区的宽度。

3.3.6　橡胶-水泥石界面过渡区模型

设定水在橡胶表面的接触角为 θ_1，制样过程对橡胶表面水的综合作用力为

ΔP，在 ΔP 的作用下水在橡胶表面的铺展接触角为 θ_s，根据以上橡胶-水泥石界面结构及形成机理分析，可以得到如图 3-33 所示的界面过渡区模型。

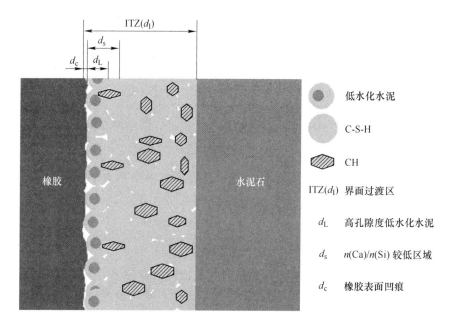

图 3-33　橡胶-水泥石界面过渡区模型

（1）橡胶-水泥石界面过渡区存在着大量孔隙，元素和矿物分布特点是随距离橡胶表面的距离增加，$n(Ca)/n(Si)$ 逐渐增加，CH 含量逐渐增加，其范围决定了橡胶-水泥石界面厚度。其结构的形成原因包括边壁效应[108]、橡胶颗粒表面的排水效应和离子扩散效应，而且橡胶表面憎水性质起到了更加重要的作用，这里只讨论橡胶表面排水效应和离子扩散效应对橡胶-水泥石界面形成的影响机理。

（2）橡胶-水泥石界面过渡区厚度为 d_I。将 R_I 与 d_I 的关系代入式（3-17）并变形后可以得到式（3-30），可以看出：d_I 与橡胶表面水在铺展前后的压力差 ΔP，水的表面张力 σ_{lg}，水与橡胶表面接触角 θ_1，水在橡胶表面的铺展接触角 θ_s（θ_2）有关。ΔP 与橡胶水泥基复合材料制备过程中浆体对水的静压力和搅拌制样过程的附加压力之和有关。本书中通过 SEM-EDS 方法测试的界面过渡区宽度 d_I 为 $60\mu m$ 左右。

$$d_I = \frac{3\sigma_{lg}}{\Delta P} \frac{B}{(1 - \cos\theta_1)(2 + \cos\theta_1)} \tag{3-30}$$

式中，$B = 2[A(1 - \cos\theta_2) - (1 - \cos\theta_1)] - \cos\theta_1(A\sin^2\theta_2 - \sin^2\theta_1)$；$A = \left[\dfrac{(1 - \cos\theta_1)^2(2 + \cos\theta_1)}{(1 - \cos\theta_2)^2(2 + \cos\theta_2)}\right]^{2/3}$。

（3）橡胶-水泥石界面过渡区存在着橡胶表面凹坑形成的孔隙，其厚度为图 3-33 中的 d_c。这部分孔隙为橡胶水泥基复合材料制备过程中水未能进入的橡胶表面凹坑体积总和 V_{rc}，存在于橡胶内部。

因为将橡胶表面凹坑简化为单底圆柱，则 V_{rc} 就等于橡胶表面所有半径小于 r_c 的圆柱体积之和，设单位面积橡胶表面上半径小于 r_c 的圆柱体积总和为 v_{rc}，则 V_{rc} 可由式（3-31）表示，其中 S 为橡胶表面积。r_c 表示所有不能被水充满的橡胶表面凹坑半径，其最大值与 ΔP 之间存在着式（3-32）所示的关系式，即 Young-Laplac 方程。

$$V_{rc} = S \times v_{rc} \tag{3-31}$$

$$\Delta P = \frac{2\sigma\cos\theta}{r_c} \tag{3-32}$$

（4）橡胶-水泥石界面过渡区橡胶表面附近存在着一个高孔隙率层，而且这个区域水泥水化程度较低，如图 3-33 中的 d_L 层，其厚度为 d_L。d_L 与界面过渡区宽度 d_I 之间存在着一定的比例系数 E，由式（3-33）确定。本书中通过 SEM-EDS 和 XRD 分析方法测得的 d_L 在 15μm 以内，我们取 15μm 来讨论。由于 d_I 测得值为 60μm，则 E 为 4，式（3-33）中 θ_1 为橡胶表面铺展浆液与橡胶表面的接触角，本书中取所测得的水与平整橡胶表面接触角 93°，因此由式（3-33）可以计算出水在粗糙橡胶表面的铺展接触角 θ_s 为 13.8° 左右。

$$\frac{d_L}{d_I} = \left[\frac{(1 - \cos\theta_s)(2 + \cos\theta_1)}{(1 - \cos\theta_1)(2 + \cos\theta_s)}\right]^{\frac{1}{3}} = E \tag{3-33}$$

这一区域由于水的表面张力作用所形成的孔隙率 v_{rp} 可以由式（3-24）计算，其中 ε 为该区域水泥颗粒水化后的体积膨胀率，f 为水泥颗粒在这个区域的填充率。将 $\theta_1 = 93°$，$\theta_s = 13.8°$ 代入式（3-23）得 $v_p = 31.0\%$。根据橡胶砂浆孔结构测试结果，橡胶颗粒加入主要增加了大孔含量，说明这部分孔隙孔径较大。

$$v_{rp} = v_p(1 - \varepsilon f) = v_p(1 - \varepsilon f)$$

$$v_p = \frac{(1 - E)^2[2 + \cos\theta_1 + E(1 - \cos\theta_1)](1 - \cos\theta_s)(2 + \cos\theta_s)}{3\sin^2\theta_s(2 + \cos\theta_1)}$$

（5）在橡胶-水泥石界面过渡区中还存在着一个 $n(\mathrm{Ca})/n(\mathrm{Si})$ 相对较低而且

相对稳定的区域，如图 3-33 中的 d_s 层。这一区域是由 d_L 区域的排水作用和离子扩散效应共同造成的，又由于相同化学势梯度下，质量较大离子扩散速率小于质量较小的离子，所以［SiO_4］$^{4-}$ 的扩散速率小于 Ca^{2+}、OH^- 等质量较小的离子，进一步加剧了 $n(Ca)/n(Si)$ 的降低。其值可以通过 Fick 扩散第一和第二定律[107]来计算，本书未进行深入探讨，需要进一步研究。本书中通过 SEM-EDS 分析方法测得的 d_s 在 20μm 左右。

3.3.7　讨论

微观分析测得界面过渡区厚度 d_1 在 60μm 左右，高孔隙率、低水化程度区 d_L 厚度在 15μm 左右，本书中测得水与平整橡胶表面的接触角 $\theta_1 = 93°$，水与粗糙橡胶表面的接触角 $\theta_1 = 115°$，水泥净浆泌水与平整橡胶表面的接触角 $\theta_1 = 86°$，水泥净浆泌水与粗糙橡胶表面的接触角 $\theta_1 = 110°$。根据以上数据，分别代入式（3-33）求出 θ_s，代入式（3-30）求出 ΔP，代入式（3-23）求出界面孔隙率 v_p，结果如表 3-5 所示。

假设驱动水在橡胶颗粒表面铺展的力全部来自水泥净浆的流体静压力，取水泥净浆密度 ρ 为 $1.8 \times 10^3 kg/m^3$，重力加速度 g 为 $10m/s^2$，则可用流体静压强计算公式 ρgh 计算达到表 3-5 中的 ΔP 所需的水泥净浆高度 h，见表 3-5。可以看到，将水在橡胶表面铺展的动力推测为浆液静压力和搅拌振动力符合实际。

表 3-5　橡胶-水泥石界面过渡区形成机理参数

$\theta_1/(°)$	$\theta_s/(°)$	$v_p/\%$	$\Delta P/kPa$	h/cm
86	12.0	30.2	5.58	31
110	15.5	34.1	8.35	46
93	13.8	31.0	6.01	33
115	16.0	34.2	9.08	50

根据以上分析，式（3-33）、式（3-30）、式（3-23）构成了形成橡胶-水泥石界面过渡区的数学模型。可以由以上模型分析橡胶-水泥石界面过渡区的主要参数 d_1 和 d_L，如果结合 Fich 扩散定律，也可以分析 d_s。虽然在测得 d_1 和 d_L 后，根据液体与橡胶表面接触角 θ_1 可以计算出 ΔP 等参数，但由于 θ_s 与 ΔP 也存在着相关性，其规律还需进一步研究，所以并不能从 ΔP 和 θ_1 反推出 d_1 和 d_L，这是此数学模型的不足之处。

以上分析是建立在水在橡胶表面能够自由铺展和收缩的基础上的，在实际的橡胶水泥复合材料中，水在橡胶表面的铺展和收缩受到了水泥水化过程的影响，计算值与实测值会有误差。另外分析过程中并没有分析边壁效应对橡胶-水泥石界面过渡区的影响，还需要进一步试验分析。

3.4　橡胶砂浆孔结构分析

根据以上试验结果，橡胶颗粒对砂浆孔隙率影响主要包括以下三个方面。

（1）橡胶颗粒引气作用带入砂浆中的孔隙。橡胶颗粒掺入砂浆中，由于橡胶颗粒凹凸不平的表面及其憎水性，使得橡胶颗粒掺入砂浆时裹挟入大量空气，在砂浆拌制和振实过程中，由于水在橡胶表面的铺展，将橡胶颗粒表面所裹挟的空气部分排除，在砂浆中形成气泡，但这部分气泡没有类似引气剂一样的表面保护，在振实过程中容易逸出，其含量在橡胶颗粒掺量较低时随橡胶颗粒掺量增加而增加，当达到一定量后，含量将不再增加，这个量与橡胶颗粒表面形貌和制样条件有很大关系。由于水不能充填橡胶表面半径小于 r_c 的凹坑，所以从橡胶颗粒表面脱离的最大空气量 C_{pmax} 可以为橡胶颗粒表面所有凹坑总体积 V_r 减去水不能充填的凹坑总体积 V_{rc}，由式（3-34）表示。因此，砂浆中这部分孔隙 C_p 可以用式（3-35）所示，其中 λ 称为剩余系数，表示最终留在橡胶砂浆中的空气量与最大空气量 C_{pmax} 的比值，与制样时的搅拌与振动条件相关，当橡胶掺量较小时，λ 较大，当橡胶掺量较大时，λ 较小。由于本书中的砂浆试样体积较小，制样过程中气泡已经完全逸出，同时可能由于 100 目橡胶颗粒取代砂子改善了其级配，所以低橡胶掺量时，橡胶砂浆孔隙率并没有明显增加。

$$C_{pmax} = V_r - V_{rc} \tag{3-34}$$

$$C_p = \lambda C_{pmax} = \lambda(V_r - V_{rc}) \tag{3-35}$$

（2）橡胶-水泥石界面处的孔隙 C_{ITZ}。这部分孔隙主要包括图 3-33 中所示 d_c 和 d_L 两个区域的孔隙，其含量可以由式（3-36）计算。可以看出，这部分孔隙率随橡胶量的增加而增加，随橡胶表面粗糙程度的增加而增加。橡胶颗粒掺量在 5%～20% 之间时，砂浆孔隙率近似呈线性增加，其增加部分应该为这部分孔隙。

$$C_{ITZ} = v_{rp} S d_L + v_{rc} S \tag{3-36}$$

式中　S——橡胶表面积；

　　　v_{rp}——由式（3-24）所确定的界面孔隙率；

　　　v_{rc}——单位橡胶表面上半径小于 r_c 的圆柱体积总和。

（3）橡胶颗粒掺量超过一定值后，橡胶颗粒间可能会发生团聚，图 3-34 为橡胶颗粒团聚示意图，所形成的橡胶颗粒团内部存在着大量间隙，在水泥砂浆硬化过程中会最后形成较大的孔隙，大幅度增加砂浆孔隙率。这部分孔隙在橡胶颗粒掺量较大时才会出现，随橡胶颗粒掺量增加而增加，但为非线性关系，当橡胶颗粒掺量达到 30% 时，大孔（$D > 1000\text{nm}$）含量急剧增加，最可几孔径达到 89.1μm，可能是这个原因。

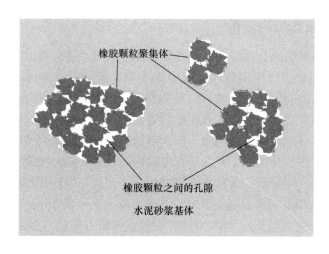

图 3-34 橡胶颗粒在砂浆中的团聚示意图

3.5 本章小结

（1）本章试验所用橡胶平整表面与自来水接触角在 93°左右，经 200 目砂纸打磨表面后接触角在 115°左右；本试验所用橡胶平整表面与水泥净浆泌水接触角在 86°左右，经 200 目砂纸打磨表面后接触角在 110°左右。

（2）橡胶颗粒表面凹凸不平，随着粒度减小，表面粗糙程度增加。

（3）使用显微硬度、SEM-EDS、XRD、MIP 等方法研究发现橡胶-水泥石界面处存在一个明显过渡区，这个界面过渡区可以分为四个厚度区域。第一个区域为处在橡胶颗粒表面内部的 d_c 厚度区域，是水泥浆液无法进入的橡胶颗粒表面小凹坑；第二个区域厚度为 d_L，这个区域孔隙率高，水泥水化程度较低，SEM-EDS 与 XRD 分析得到 d_L 在 15μm 以内；第三个区域厚度为 d_s，这个区域 $n(\text{Ca})/n(\text{Si})$ 较低，而且相对稳定，SEM-EDS 与 XRD 分析得到 d_s 在 20μm 左右；第四个区域厚度为 d_1，是橡胶-水泥石界面过渡区的厚度。这个区域 $n(\text{Ca})/n(\text{Si})$ 随距离橡胶表面的距离增加而不断增加，CH 含量随距离橡胶表面的距离增加而不断增加，SEM-EDS 与 XRD 分析得到 d_1 在 60μm 左右。建立了橡胶-水泥石界面过渡区物理模型（图 3-33 所示）。

（4）利用表面张力与接触角理论，提出了铺展接触角的概念，计算了水在橡胶颗粒表面铺展过程中吉布斯自由能变化，分析了橡胶-水泥石界面形成机理，建立了橡胶-水泥石界面过渡区的数学模型。界面过渡区厚度模型为式（3-30），由此式推得了界面过渡区中高孔隙率，低水泥水化程度区域厚度模型为式(3-33)，此区域的孔隙率计算模型为式（3-24）。

（5）随橡胶颗粒掺量的增加，橡胶砂浆最可几孔径增加，总孔隙率增加，其中大孔（$D>1000nm$）含量增加最为明显，而凝胶孔（$D<10nm$）含量变化不大。橡胶掺入砂浆中引起的孔隙率增加包括橡胶颗粒引气作用带入砂浆中的孔隙，其量与橡胶颗粒表面粗糙程度和制样条件有关；橡胶-水泥石界面处的孔隙，其量与橡胶颗粒表面粗糙程度和橡胶颗粒掺量成正比；橡胶颗粒团聚内部孔隙，其只有在橡胶颗粒掺量较大时才会出现。

（6）根据本章关于橡胶-水泥石界面过渡区结构及形成机理的分析，可以得到改善橡胶-水泥石界面的方向，即减小橡胶-水泥石界面高孔隙区域，增加橡胶颗粒与水泥的结合力。一种方法是通过减小水与橡胶表面的接触角，即减小 θ_1，可以通过橡胶表面改性来实现；另一种方法是在成型过程中，避免已铺展的水恢复原状，即避免 ΔP 的减小，可以通过加压成型来实现，这一点得到了文献[59]试验结果的佐证；再一种方法是利用橡胶颗粒热降解性能，通过橡胶颗粒热解产物的高扩散性和高黏结性，填充橡胶水泥石界面过渡区的高孔隙区域，实现橡胶颗粒水泥石的良好结合。下面将就第一和第三种方法进行研究分析。

4 表面改性对橡胶‑水泥石界面及混凝土性能影响研究

第 3 章分析了橡胶‑水泥石界面过渡区存在着较大的孔隙，并指出减小水与橡胶表面接触角和避免橡胶表面的排水效应是减小橡胶‑水泥石界面孔隙的主要方法。本章将研究在橡胶颗粒表面接枝丙烯酸偶联剂的方法来实现降低水与橡胶表面接触角，同时利用丙烯酸偶联剂长侧链吸附橡胶表面的水，减弱橡胶表面的排水效应。在此基础上分析其对橡胶‑水泥石界面过渡区以及橡胶混凝土性能的影响规律。

4.1 试验方法

4.1.1 橡胶表面接触角测定

在已初步切割的废旧卡车轮胎上切取 1cm×1cm 的方形薄片，采用本章所开发的表面改性方法进行表面改性，采用 3.1.5 节所述测试方法进行水在橡胶表面接触角的测定。

4.1.2 橡胶颗粒活化指数测定

通常轮胎橡胶密度在 1.1~1.3g/cm³ 左右[109]，破碎后的橡胶颗粒应该能够沉入水中。但由于橡胶颗粒表面为非极性，水为极性，相互间有较大的表面张力，表面张力与浮力的作用往往大于橡胶颗粒的重力，所以橡胶颗粒在水中通常会浮在表面。通过改性后的橡胶颗粒表面由非极性转变为极性，与水的相容性提高，从而表面张力作用减小，便会由于重力的原因沉入水中。通过比较橡胶颗粒改性前后在水中的沉浮情况，可以初步判断橡胶颗粒改性方法的优劣。其方法为：

称取 10g 表面改性后的粉体样品，置于盛有 500mL 纯净水的容器中，水温 20℃，以 200r/min 的转速搅拌 2min，然后静置，等粉体沉降稳定后，刮去表面漂浮粉体样品，将沉入杯底的粉体样品过滤、烘干、称重，H 值由式（4-1）计算。

$$H = \frac{W_1}{W} = \frac{W_1}{10} \times 100\% \qquad (4-1)$$

式中　W_1——沉入水底的橡胶颗粒质量，g；

W——橡胶颗粒总质量，通常取 10g。

H 值的大小反映了橡胶颗粒改性效果的好坏，称之为活化指数。本研究分别测定了改性前后橡胶颗粒的活化指数。

4.1.3 橡胶颗粒表面 XPS 分析

本试验 XPS 分析的方法是将 5 目橡胶颗粒用蒸馏水清洗干净，在鼓风干燥箱中 60℃干燥至恒重。采用本章所开发的表面改性方法进行表面改性，将表面改性后的橡胶颗粒在蒸馏水中超声清洗 5min，再在鼓风干燥箱中 60℃干燥至恒重。使用 ESCALAB 250 型光电子能谱仪测试表面改性前后橡胶颗粒表面光电子能谱，分析表面官能团变化情况。

4.1.4 改性橡胶-水泥石界面显微硬度分析

采用本章所开发的方法对橡胶进行表面改性，采用 3.1.1 节所述方法测试改性橡胶-水泥石界面显微硬度。

4.1.5 改性橡胶-水泥石界面 SEM-EDS 分析

在橡胶混凝土抗压强度测试后，取破型试样中较完整的部分进行 SEM-EDS 观测，测试仪器、参数与 3.1.2 节相同。

4.1.6 改性橡胶砂浆孔结构分析

采用改性橡胶颗粒代替表 3-1 中掺量为 3%、20% 未改性橡胶颗粒制备样品，样品编号为 MRM-100-3、MRM-100-20，按 3.1.4 节所述方法测试样品孔结构。

4.1.7 新拌/硬化橡胶混凝土性能测试

橡胶颗粒混凝土坍落度、表观密度、含气量、抗压强度、抗折强度、劈裂抗拉强度的测试依照《公路工程水泥及水泥混凝土实验规程》（JTG E30—2005）进行。

主要测试设备有：CA-3 混凝土直读式含气量测定仪；WEW1000 型微机屏显液压式万能试验机。

按 ACI-544 推荐的冲击试验方法自行设计了冲击试验，试验原理图如图 4-1 所示。其中冲击球（impact ball）和静态被冲击球（static ball）质量均为 4kg，自由下落高度为 800mm，试件的厚度为 75mm，直径为 150mm。为了保证冲击球和静态被冲击球能够在一条直线上进行垂直碰撞，用一根塑料管套住被冲击球，使冲击球沿此塑料管垂直下落，塑料管上钻大量孔来排出塑料管内的空气，避免冲击球下落过程中受到塑料管内空气过大阻力。

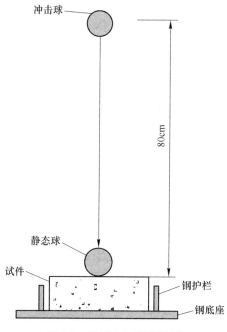

图 4-1　抗冲击试验装置图

4.1.8　橡胶砂浆抗渗性研究

　　本章结合渗透深度法来表征橡胶颗粒对砂浆的抗渗性影响,将试样装入 SS-1.5 型砂浆渗透仪,加压至 1.5MPa,恒压 24h。然后进行劈裂,在不同截面不同位置测量 8 个渗水深度,取平均值,再取六个试样渗水深度平均值的平均值。研究表面改性前后不同掺量橡胶颗粒对砂浆抗渗性能的影响。

　　做本实验时要注意防止抗渗加压时从侧壁漏水,本书中采用融化固体石蜡密封,再在试样侧面用聚四氟乙烯生料密封带缠绕包裹的方法防止漏水,并在安放试样时将模具预热至 40℃,以使石蜡和聚四氟乙烯包裹层与模具接触面良好接触。

4.2　橡胶颗粒表面改性

4.2.1　橡胶颗粒表面改性基本思路

　　轮胎内部分子结构是一种交联网状结构,长链烯烃通过硫桥交联在一起,而聚合物分子链又通过物理和化学键吸附在主要补强成分炭黑和二氧化硅表面。在废旧轮胎破碎过程中,立体结构分子链必然被破坏,橡胶颗粒表面必然存在着断裂的分子链、硫桥键、裸露的炭黑、二氧化硅、重新形成的碳碳双键等,在一定条件下，偶联剂的活泼双键可以与橡胶颗粒表面的断键化合，接枝在橡胶颗粒表面，偶联剂的亲水性基团可以使橡胶颗粒表面转变为亲水性。

因此，本书中采用丙烯酸作为带有活性双键的偶联剂，首先使橡胶颗粒表面断键与丙烯酸双键反应，使丙烯酸接枝在橡胶颗粒表面，再使聚乙二醇与丙烯酸的羧基进行酯化反应，从而使橡胶颗粒表面接枝上带有羧基、羟基和长链醚基的分子，使橡胶颗粒表面由憎水性转变为亲水性。其原理示意图如图 4-2 所示。

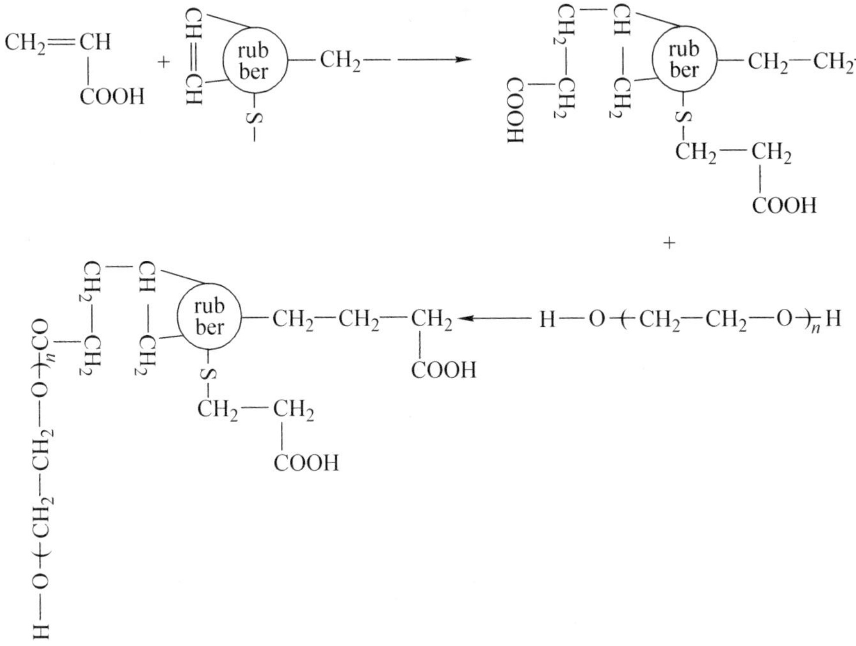

图 4-2　丙烯酸偶联剂改性橡胶原理示意图

4.2.2　丙烯酸偶联剂改性工艺条件优化

将质量为橡胶颗粒质量一定百分比的丙烯酸配制成质量浓度为 80% 的乙醇溶液，将质量为丙烯酸质量 3% 的对甲苯磺酸与一定量的平均分子量为 1000 的聚乙二醇混合均匀，然后加入丙烯酸溶液形成丙烯酸偶联剂改性液。将搅拌均匀的改性液撒在橡胶颗粒表面，通过双辊开炼机反复辊压使其充分浸润橡胶颗粒，然后将浸润了改性液的橡胶颗粒放入真空干燥箱中，在真空下加热到 40℃，保温 30min，将乙醇蒸发除去，再加热到一定温度，保温一定时间，使改性液中各成分之间以及改性液与橡胶颗粒之间进行反应。改性液中各成分反应结果形成丙烯酸偶联剂，同时此过程中丙烯酸双键也会与橡胶颗粒表面断键反应而使丙烯酸偶联剂接枝在橡胶颗粒表面。最后用 20% 氢氧化钠溶液清洗橡胶颗粒，烘干至恒重。

通过正交试验方法优化丙烯酸偶联剂表面改性橡胶工艺条件，分别选取丙烯酸用量、聚乙二醇用量、反应温度、反应时间为优化的影响因素，各取三个水平，丙烯酸用量选橡胶颗粒质量的 1%、3%、5%；聚乙二醇用量选丙烯酸摩尔质量的 1%、3%、5%；温度选 110℃、120℃、130℃；时间选 30min、45min、60min。选 L_3^4 正交试验表进行试验，见表 4-1，表中丙烯酸水平为相对于橡胶颗粒的质量百分数，聚乙二醇水平为相对于丙烯酸摩尔质量的百分数。

表 4-1　L_3^4 正交设计表

所在列	1	2	3	4
因素	温度/℃	时间/min	丙烯酸/%	聚乙二醇/%
试验 1	110	30	1	1
试验 2	110	45	3	3
试验 3	110	60	5	5
试验 4	120	30	3	5
试验 5	120	45	5	1
试验 6	120	60	1	3
试验 7	130	30	5	3
试验 8	130	45	1	5
试验 9	130	60	3	1

4.2.3　正交试验结果分析

按水泥∶水∶橡胶颗粒为 1∶0.4∶0.05 的质量比例制备橡胶水泥净浆（橡胶颗粒为不同工艺条件下所获得的改性橡胶颗粒），搅拌均匀后制成 40mm×40mm×40mm 的试块，在标准条件下养护 1 天后脱模，放在 20℃的水中继续养护至 28 天，取出测试强度。用此强度作为正交试验效果指标对正交试验结果进行分析。

对于 40 目橡胶颗粒，正交试验结果分析见表 4-2，各因素的效应曲线如图 4-3 所示。

从表 4-2 可以看出，反应时间因素对应极差为 5.133，对结果影响最大，聚乙二醇用量因素对应极差为 1.833，对结果影响最小。从图 4-3 可以看出，随温度提高，效果指标先降低后升高；随反应时间增加，效果指标先升高后降低；随丙烯酸偶联剂用量增加，效果指标先降低后增加；随聚乙二醇用量增加，效果指标先升高后降低。

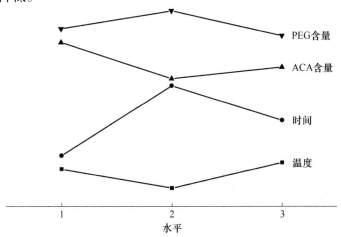

图 4-3　40 目橡胶表面改性正交试验因素效应曲线

表 4-2　40 目橡胶颗粒表面改性正交试验极差分析

所在列	1	2	3	4	试验结果
因素	温度/℃	时间/min	丙烯酸/%	聚乙二醇/%	28d 抗压强度/MPa
试验 1	110	30	1	1	51.1
试验 2	110	45	3	3	54.9
试验 3	110	60	5	5	51.4
试验 4	120	30	3	5	46.5
试验 5	120	45	5	1	53.0
试验 6	120	60	1	3	53.6
试验 7	130	30	5	3	51.1
试验 8	130	45	1	5	56.2
试验 9	130	60	3	1	51.5
平均值 1	52.467	49.567	53.633	51.867	—

续表4-2

所在列	1	2	3	4	试验结果
因素	温度/℃	时间/min	丙烯酸/%	聚乙二醇/%	28d 抗压强度/MPa
平均值2	51.033	54.700	50.967	53.200	—
平均值3	52.933	52.167	51.833	51.367	—
极差	1.900	5.133	2.666	1.833	—

综合以上分析，用丙烯酸偶联剂处理橡胶颗粒的最佳工艺条件是将橡胶颗粒质量1%的丙烯酸偶联剂配制成质量浓度为80%的乙醇溶液，加入丙烯酸摩尔质量3%的聚乙二醇，在110℃下加热45min。根据所确定的处理参数对40目橡胶颗粒进行处理并测试橡胶水泥净浆试样抗压强度，为50.0MPa，大于所有试验组强度，说明所优选的处理方法可以达到更好的效果。

对于5目橡胶颗粒，正交试验结果分析见表4-3，各因素的效应曲线如图4-4所示。从表4-3可以看出，反应温度因素对应极差为9.734，对结果影响最大，丙烯酸与聚乙二醇用量对结果影响最小。由图4-4可以看出，随温度提高，效果指标先升高后降低；随反应时间增加，效果指标先降低后升高；随丙烯酸偶联剂用量增加，效果指标先降低后增加；随聚乙二醇用量增加，效果指标先升高后降低。综合以上分析，用丙烯酸偶联剂处理橡胶颗粒的最佳工艺条件应该是将橡胶颗粒质量1%的自制丙烯酸偶联剂配制成质量浓度为80%的乙醇溶液，加入丙烯酸摩尔用量3%的聚乙二醇，在120℃加热30min。根据所确定的处理参数对5目橡胶颗粒进行处理并测试橡胶水泥净浆试样抗压强度，为56.5MPa，大于所有试验组强度，说明所优选的处理方法可以达到更好的效果。

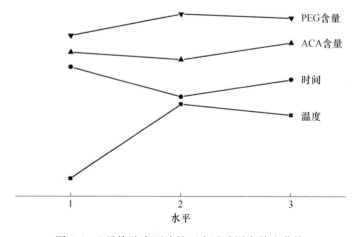

图4-4　5目橡胶表面改性正交试验因素效应曲线

表4-3 5目橡胶颗粒表面改性正交试验极差分析

所在列	1	2	3	4	试验结果
因素	温度/℃	时间/min	丙烯酸/%	聚乙二醇/%	28d 抗压强度/MPa
试验1	110	30	1	1	37.4
试验2	110	45	3	3	35.3
试验3	110	60	5	5	39.3
试验4	120	30	3	5	48.5
试验5	120	45	5	1	44.4
试验6	120	60	1	3	48.3
试验7	130	30	5	3	49.7
试验8	130	45	1	5	44.1
试验9	130	60	3	1	43.1
平均值1	37.333	45.200	43.267	41.633	—
平均值2	47.067	41.267	42.300	44.433	—
平均值3	45.633	43.567	44.467	43.967	—
极差	9.734	3.933	2.167	2.800	—

综合考虑各种因素，为了能够同时处理5目与40目橡胶颗粒。无论橡胶颗粒粒径大小，选择如下处理工艺参数，丙烯酸偶联剂用量为橡胶颗粒质量的1%；聚乙二醇用量为丙烯酸摩尔用量的3%；温度120℃；保温时间45min。

最终确定的橡胶颗粒表面改性方法为：

将质量为橡胶颗粒质量1%的丙烯酸配制成质量浓度为80%的乙醇溶液，将质量为丙烯酸质量3%的对甲苯磺酸与丙烯酸摩尔质量3%的聚乙二醇（1000）混合均匀，然后加入丙烯酸溶液形成丙烯酸偶联剂改性液，将改性液撒在橡胶颗粒表面，通过双辊开炼机反复辊压使其充分浸润橡胶颗粒，然后将浸润了改性液的橡胶颗粒放入真空干燥箱，在真空下加热到40℃，保温30min，将乙醇蒸发除去，再加热到110℃，保温45min，使改性液与橡胶颗粒以及改性液之间进行反应，随后停止加热，使橡胶颗粒在烘箱内冷却到室温，用20%氢氧化钠溶液清洗橡胶颗粒，烘干至恒重，进行相关测试和试验。

4.2.4　改性橡胶表面接触角测试结果

经丙烯酸偶联剂表面改性后，平整橡胶表面与水的接触角如图 4-5 所示，接触角为 74°左右，与未改性前相比有所减小；经 200 目砂纸打磨过的橡胶表面与水的接触角如图 4-6 所示，接触角为 100°左右，仍然具有憎水性，说明粗糙的橡胶颗粒表面改性效果不够理想。这可能是由于粗糙的橡胶表面比表面积较大，在改性过程中丙烯酸偶联剂不能很好地浸润粗糙的橡胶表面，橡胶表面凹坑内很大一部分面积没有接枝上丙烯酸偶联剂所造成的。

图 4-5　水-改性橡胶表面接触角

图 4-6　水-改性橡胶粗糙表面接触角

经丙烯酸偶联剂表面改性后，平整橡胶表面与水泥净浆泌水的接触角如图 4-7 所示，接触角为 70°左右，与未改性前相比也有明显减小；经 200 目砂纸打磨过的橡胶表面与水的接触角如图 4-8 所示，接触角在 92°左右，仍具有憎水性质。

图 4-7 水泥净浆泌水-改性橡胶表面接触角

图 4-8 水泥净浆泌水-改性粗糙橡胶表面接触角

4.2.5 改性橡胶颗粒活化指数测试结果

橡胶颗粒活化指数测定结果见表 4-4。

表 4-4　橡胶颗粒活化指数

橡胶颗粒	活化指数/%	
	5 目	40 目
未处理	75.4	9.8
丙烯酸偶联剂处理	100.0	66.7

从表 4-4 可以看出，改性后橡胶颗粒的活化指数明显大于未改性的橡胶颗粒，说明通过表面改性后的橡胶颗粒表面性质已经有一部分由憎水性变成了亲水性，减小了水的表面张力对橡胶颗粒的沉降阻力，橡胶颗粒可以在重力作用下克服水的浮力和水的表面张力而沉入水底。这也说明活化指数可以有效表征橡胶颗粒表面改性效果。

5 目橡胶颗粒本身体积较大，比表面积较小，表面较平整，改性前已经有较大的活化指数，改性后活化指数达到了 100%；40 目橡胶颗粒比表面积较大，而且表面粗糙，改性前水难以进入橡胶颗粒表面凹坑中，在水中被表面吸附的气泡包围，难以沉降，改性后包围橡胶颗粒表面的气泡消失，发生大量沉降，活化指数提高了 480.6%。

4.2.6　橡胶颗粒表面 XPS 分析结果

橡胶颗粒改性前后表面碳元素的 XPS 能谱图如图 4-9 所示，氧元素的 XPS 能谱图如图 4-10 所示。可以看出，改性后碳能谱图（图 4-9（b））中出现了结合能为 287.97eV 的新谱峰 A，为官能团 O—C—O 中碳元素能谱峰，表明存在聚乙二醇分子链段。橡胶颗粒改性前后表面氧元素的 XPS 能谱图如图 4-10 所示，改性后氧能谱图中（图 4-10（b）），在结合能 532.31eV 处出现了新的能谱峰 B，为官能团 C—O—C＝O 中双键氧的能谱峰，在结合能 533.67eV 处新出现的能谱峰 D 为官能团 C—O—C＝O 中单键氧的能谱峰。XPS 能谱分析结果说明橡胶颗粒改性后表面出现了改性剂官能团，而且出现的酯基（C—O—C＝O）表明改性剂中丙烯酸的羧基（HO—C＝O）与聚乙二醇的羟基（HO—C）发生了酯化反应。因为橡胶颗粒表面改性后经过了超声水洗，物理吸附的改性剂已被清洗去除，所检测到的试样表面改性剂应该已经与橡胶颗粒表面发生了化学结合。

因此，可以认为，在橡胶颗粒表面改性过程中，丙烯酸双键可能已经与橡胶颗粒表面断键发生化学结合而接枝在橡胶颗粒表面，其羧基与聚乙二醇发生缩合反应，所得到的分子结构具有类似目前常见聚羧酸减水剂的分子结构[110]，在橡胶混凝土拌和过程中可能起到减水功能，这在橡胶混凝土性能测试过程中得到了验证。另外，结合图 4-2 可以认为，聚乙二醇分子长链端羟基会吸附在水泥石表面，丙烯酸偶联剂在橡胶颗粒与水泥石之间起到了一个连接链的作用，增强了橡胶颗粒与水泥石之间的结合。图 4-11 示意了丙烯酸偶联剂增强橡胶颗粒水泥石界面结合的原理。

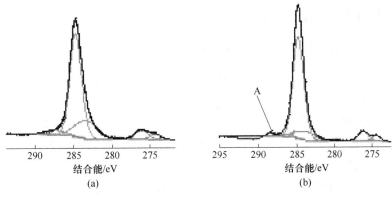

图 4-9　橡胶颗粒表面 C 元素 XPS 谱

（a）改性前；（b）改性后

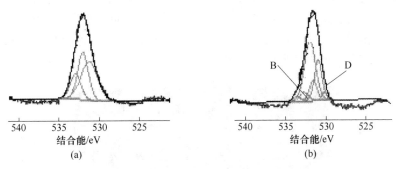

图 4-10　橡胶颗粒表面 O 元素 XPS 谱

（a）改性前；（b）改性后

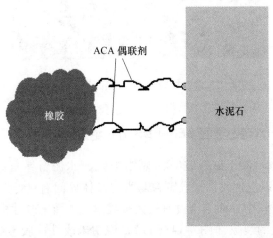

图 4-11　丙烯酸偶联剂增强橡胶水泥石结合原理示意图

4.3 改性橡胶-水泥石界面特点

4.3.1 橡胶-水泥石界面显微硬度分析结果

图 4-12 为在硬度测试前用相机对准目镜拍得的界面照片，与图 3-2 相比，界面处更加密实。以图像中观测到的橡胶颗粒表面为起点，向水泥基体侧移动测试显微硬度，在橡胶颗粒周围相近距离测试多个硬度值，记录硬度变化，结果如图 4-13 所示，可以看出，经表面改性后，橡胶-水泥石界面在距橡胶表面 5μm 的范围无法测到显微硬度，当距离达到 5μm 以上时，已有明显的显微硬度，达到 2.6MPa，这与未改性橡胶-水泥石界面测试结果相比有明显减小，说明橡胶与水泥石的结合有明显改善。其后显微硬度随距离增加快速增大，当距离达到 70μm 时，显微硬度达到 45MPa 以上，其后显微硬度变化不大，说明橡胶-水泥石界面过渡区的宽度在 70μm 左右。与未改性橡胶-水泥石界面显微硬度测试结果相比，界面过渡区宽度有所减小。这是由于橡胶表面接枝丙烯酸偶联剂后可以降低橡胶表面对水的排斥力，减小橡胶-水泥界面孔隙。同时可以在橡胶颗粒与水泥石之间形成化学结合，增强了界面结合强度。

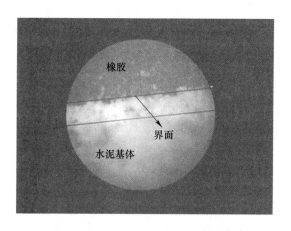

图 4-12 改性橡胶-水泥石界面照片（×400）

4.3.2 改性橡胶-水泥石界面 SEM-EDS 分析结果

图 4-14 为橡胶混凝土试样破型后观测的橡胶-水泥石界面背散射 SEM 照片，从图 4-14（b）可以发现改性橡胶颗粒与水泥基体界面有良好结合，在橡胶混凝土试样压缩破坏过程中界面结合没有较大裂纹出现。而未改性橡胶颗粒与水泥基体界面处存在较大的裂隙（图 4-14（a）），说明未改性橡胶-水泥基体界面结合比改性橡胶-水泥基体界面结合要薄弱。

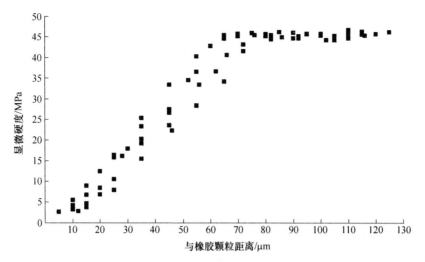

图 4-13 改性橡胶-水泥石界面区显微硬度

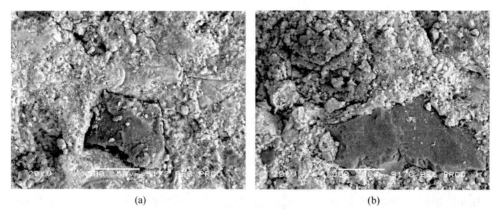

(a)   (b)

图 4-14 橡胶-水泥石界面 SEM 图

（a）改性前；（b）改性后

    在 SEM 所观测改性橡胶-水泥石界面结构的基础上，为了进一步分析橡胶颗粒周围水泥石 Ca 元素和 Si 元素的分布情况，采用 EDS 方法，以改性橡胶-水泥石界面处水泥基体侧为起始点，标记为 0，以 $10\mu m$ 左右的步距，向水泥基体侧依次选择分析点，观测不同距离 Ca 元素和 Si 元素的平均含量。$n(Ca)/n(Si)$ 观测结果如图 4-15 所示，从橡胶-水泥石界面处向水泥基体内部，Ca 元素含量逐渐增加，而 Si 元素含量逐渐降低，与未改性橡胶-水泥石界面处观测结果相似，但 $n(Ca)/n(Si)$ 增加速率基本一致，这与未改性橡胶-水泥石界面处观测结果不同，$n(Ca)/n(Si)$ 达到稳定的距离也在 $50\mu m$ 左右。在距离橡胶 $20\mu m$ 内并未出现像未改性橡胶颗粒-水泥石界面附近一样的低 $n(Ca)/n(Si)$ 区。

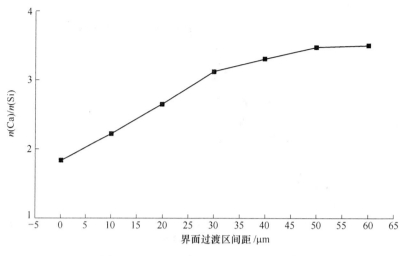

图 4-15 界面过渡区 $n(\mathrm{Ca})/n(\mathrm{Si})$ 分布

4.3.3 运用橡胶-水泥石界面模型讨论

设橡胶表面改性前界面过渡区厚度为 d_{l1}，为 $60\mu\mathrm{m}$，高孔隙率、低水化程度区域为 d_{L1}，为 $15\mu\mathrm{m}$，改性前的接触角 θ_{11} 取水与平整橡胶表面接触角 $93°$，水在橡胶表面的铺展接触角为 θ_{s1}，橡胶表面改性后界面过渡区厚度为 d_{l2}，高孔隙率、低水化程度区域为 d_{L2}，改性后的接触角 θ_{12} 取水与平整橡胶表面接触角 $74°$，水在橡胶表面的铺展接触角为 θ_{s2}。则橡胶表面改性前后橡胶-水泥石界面过渡区形成机理对比如图 4-16 和图 4-17 所示。可以看出铺展前，水滴圆球半径 R 相同，则可得到式（4-2），代入数据可以得到改性后橡胶-水泥石界面过渡区厚度 d_{l2} 为 $43\mu\mathrm{m}$，根据 SEM-EDS 分析结果，改性后橡胶-水泥石界面过渡区厚度 d_{l2} 为 $50\mu\mathrm{m}$ 左右，与计算值相近。

$$R = \frac{d_{l1}}{1 - \cos\theta_{11}} = \frac{d_{l2}}{1 - \cos\theta_{12}} \tag{4-2}$$

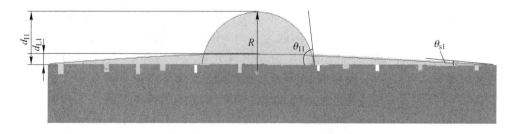

图 4-16 橡胶-水泥石界面过渡区形成机理（改性前）

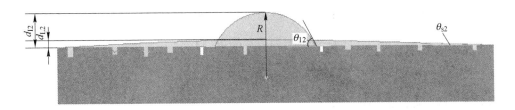

图 4-17　橡胶-水泥石界面过渡区形成机理（改性后）

分别将 d_{11}、d_{12}、θ_{11}、θ_{12}、θ_{s1} 的值代入式（3-30），得式（4-3）和式（4-4）。由于制样条件相似，ΔP_1 与 ΔP_2 近似看作相等，则两式相比可以计算出 θ_{s2} 近似等于 $10°$。根据式（3-21）可以计算出 d_{12}/d_{12} 约等于 0.26，因此 d_{12} 在 $13\mu m$ 左右，根据式（3-23）可以得到界面处的孔隙率 v_p 为 29.4%，与未改性前的 31.0% 相比有所降低，但降低量并不明显。说明改性后橡胶-水泥石界面处仍然存在着向远离橡胶表面方向排水的力，但高孔隙率区域厚度减小，孔隙率也有所减小，通过降低橡胶表面接触角能够改善橡胶-水泥石界面，但如果表面接触角仍较大时，仅从表面张力分析界面改善并不明显。但由于本研究中橡胶表面接枝了丙烯酸偶联剂分子，其聚乙二醇长支链伸展在橡胶表面的水中，对水有较强的吸附性，阻碍了水离开橡胶颗粒表面，使橡胶表面不会出现大量无水区，水泥水化产物仍可以在这个区域生长，从而避免了大量孔隙的出现。

橡胶颗粒表面被丙烯酸偶联剂侧链吸附的这部分水仍具有较高的内部压力，因此水中的离子仍会向远离橡胶表面的方向扩散，在橡胶表面附近水化产物中 Ca^{2+} 可能仍比较少，$n(Ca)/n(Si)$ 仍较低，但由于排水作用较弱，仅离子扩散运动，所以并未出现明显的稳定低 $n(Ca)/n(Si)$ 区域。

$$d_{11} = \frac{3\sigma_{lg}}{\Delta P_1} \frac{B_1}{(1 - \cos\theta_{11})(2 + \cos\theta_{11})} \tag{4-3}$$

$$d_{12} = \frac{3\sigma_{lg}}{\Delta P_2} \frac{B_2}{(1 - \cos\theta_{12})(2 + \cos\theta_{12})} \tag{4-4}$$

$$B_1 = 2[A_1(1 - \cos\theta_{s1}) - (1 - \cos\theta_{11})] - \cos\theta_{11}(A_1\sin^2\theta_{s1} - \sin^2\theta_{11})$$

$$A_1 = \left[\frac{(1 - \cos\theta_{11})^2(2 + \cos\theta_{11})}{(1 - \cos\theta_{s1})^2(2 + \cos\theta_{s1})}\right]^{2/3}$$

$$B_2 = 2[A_2(1 - \cos\theta_{s2}) - (1 - \cos\theta_{12})] - \cos\theta_{12}(A_2\sin^2\theta_{s2} - \sin^2\theta_{12})$$

$$A_2 = \left[\frac{(1 - \cos\theta_{12})^2(2 + \cos\theta_{12})}{(1 - \cos\theta_{s2})^2(2 + \cos\theta_{s2})} \right]^{2/3}$$

$$\frac{d_{12}}{d_{12}} = \left[\frac{(1 - \cos\theta_{s2})(2 + \cos\theta_{12})}{(1 - \cos\theta_{12})(2 + \cos\theta_{s2})} \right]^{1/3} = 0.26 \qquad (4-5)$$

4.3.4　橡胶砂浆孔结构分析

图 4-18 为试样 RM-100-3、MRM-100-3、RM-100-20、MRM-100-20 孔隙率柱状图，可以看出，3%橡胶掺量的试样总孔隙率相近，改性橡胶砂浆试样较未改性砂浆试样孔隙率降低了 1.87%，没有明显变化。而对于 20%橡胶掺量的试样，改性橡胶砂浆总孔隙率比未改性橡胶砂浆试样降低了 8.70%。图 4-19 为试样 RM-100-3、MRM-100-3、RM-100-20、MRM-100-20 的累积孔体积分布图，可以发现，改性橡胶砂浆试样在 0.6~7.1μm（横坐标 2.7~3.8）孔径范围内含量较高，而在其他孔径范围内累积孔体积都小于未改性橡胶砂浆试样。

丙烯酸偶联剂对橡胶颗粒进行表面改性后，可以减小橡胶颗粒水泥基体界面处的孔隙含量，从而减小砂浆总孔隙率。但由于丙烯酸偶联剂具有聚羧酸减水剂相似的分子结构，将会具有一定的引气作用[111]，对橡胶颗粒表面排出的气泡有一定的阻滞作用，提高了其在砂浆中的存留量和稳定性，这可能是 0.6~7.1μm 孔径范围内孔隙含量增加的原因。

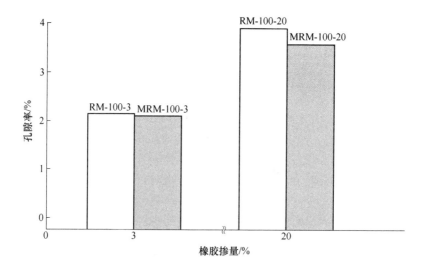

图 4-18　橡胶砂浆孔隙率

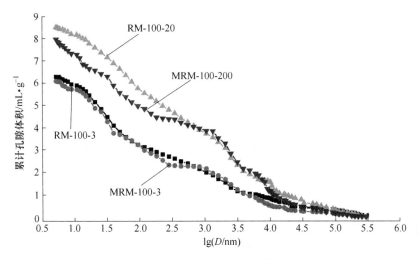

图 4-19　橡胶砂浆累积孔体积

4.4　橡胶混凝土性能

4.4.1　橡胶混凝土试样制备

按表 4-5 所示比例配制混凝土，固定水泥、水、石子比例，橡胶颗粒等体积取代细集料砂子。橡胶颗粒分为三种，一种由 5 目橡胶颗粒与 40 目橡胶颗粒以质量比 7:3 混合而得，其细度模数近似为 2.7，由于此混合橡胶颗粒中 5 目颗粒所占比例较大，为方便起见，我们下文称这种混合颗粒为 5 目橡胶颗粒，取代比例为 5%、10%、20%、30%、50%，混凝土试样编号分别为 RC-5-5、RC-5-10、RC-5-20、RC-5-30、RC-5-40、RC-5-50；另一种是将上述混合颗粒按 4.2.3 节所述方法进行表面改性后所得颗粒，取代比例为 5%、10%、20%、30%，其混凝土试样编号为 MRC-5-5、MRC-5-10、MRC-5-20、MRC-5-30；第三种橡胶颗粒为 40 目橡胶颗粒，取代比例为 5%、10%、20%、30%、50%，混凝土试样编号分别为 RC-40-5、RC-40-10、RC-40-20、RC-40-30、RC-40-50；改性与未改性橡胶颗粒采用相同配比。不含橡胶颗粒的素混凝土试样编号为 RC0。由于改性橡胶混凝土坍落度大幅度增加（以下试验结果将证明这一点），将 MRC-5-10 试样水灰比降为 0.38，另外配制一组试样，编号为 MRC-5-10$_{0.38}$。

以上试样的编号规则为 RC-m-n 或 MRC-m-n，其中 m 代表橡胶目数，n 代表橡胶颗粒等体积取代砂子量。

表 4-5   橡胶微粒混凝土配合比

掺量/%	水泥/kg·m⁻³	水/kg·m⁻³	石子/kg·m⁻³	砂子/kg·m⁻³	橡胶/kg·m⁻³
0	412.5	165	1225.1	631.1	0
5	412.5	165	1225.1	599.5	13.10
10	412.5	165	1225.1	568.0	26.20
20	412.5	165	1225.1	504.9	52.39
30	412.5	165	1225.1	441.8	78.59
50	412.5	165	1225.1	315.6	130.98

按表 4-5 的配比进行拌制橡胶混凝土，分别测量新拌混凝土的坍落度、含气量、表观密度随橡胶颗粒含量的变化。

用按表 4-5 配比拌制的橡胶混凝土制备 100mm×100mm×100mm 试块，每个配比制备 6 块试样，分别用于测试 28 天抗压强度以及 28 天劈裂抗拉强度。制备 150mm×150mm×550mm 试块 3 块，用于测试 28 天抗折强度。制备圆台试样 3 块，上表面直径 175mm，下表面直径 185mm，高 150mm，用于测试 28 天抗冲击强度，测试时将试样从半高处截开，取下半部分进行冲击试验。以上试样都在金属模具中成型，标准条件下养护 1 天后脱模，继续在标准条件下养护至测试龄期，取出分别进行相关性能测试。

4.4.2 橡胶混凝土坍落度

新拌橡胶混凝土的坍落度测试结果如图 4-20 所示。无论对于 5 目还是 40 目橡胶颗粒，随掺量的增加，坍落度都先增加后减小，这与史新亮[44]的研究结果一致。在橡胶颗粒取代砂子体积低于 10%之前，橡胶混凝土的坍落度都有所增加，当橡胶颗粒取代砂子体积大于 20%之后，坍落度值均小于空白试样 RC0 的坍落度。相同掺量下，40 目橡胶混凝土坍落度小于 5 目橡胶混凝土。

由于橡胶颗粒的表面憎水性和轻质特点，其对混凝土坍落度的影响存在以下三个方面，第一方面可能是由于橡胶颗粒表面憎水性使橡胶表面形成一层水膜，包覆着橡胶颗粒及其表面裹挟的空气，使橡胶颗粒形成了柔软的滚珠，发挥了滚珠效应，有利于混凝土坍落度的增加；第二方面是由于橡胶颗粒掺入降低了混凝土表观密度，从而降低了混凝土坍落度[50]，橡胶颗粒含量越大，降低作用越明显；第三方面是橡胶颗粒间摩擦力较大[111]，影响骨料运动，从而会降低混凝土的坍落度，橡胶颗粒含量越大，降低作用越明显。

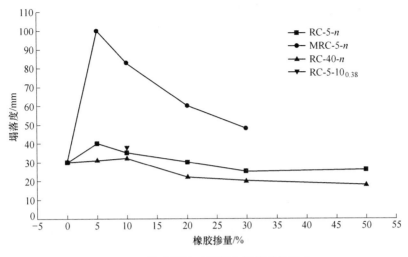

图 4-20 橡胶颗粒对混凝土坍落度的影响

在以上三个方面的作用下，当橡胶颗粒掺量较低时，橡胶颗粒能够良好分散在骨料间，其滚珠效应占优势，而降低混凝土表观密度和增加摩擦力作用不明显，所以低掺量下橡胶混凝土坍落度有所增加。当橡胶颗粒掺量较大时，橡胶颗粒间出现相互接触，减小了滚珠效应，降低表观密度和提高摩擦力的作用占了优势，所以橡胶混凝土的坍落度降低。

改性后橡胶混凝土坍落度随橡胶含量增加也是先增加后降低，而且所有试样坍落度都比素混凝土试样 RC0 有大幅度提高。这主要是由于橡胶表面改性剂中丙烯酸与聚乙二醇反应产物具有与聚羧酸减水剂相似的结构，在搅拌过程中会有部分释放到混凝土中，起到了减水作用所造成的。

即使将水灰比降为 0.38 后，试样 $MRC10_{0.38}$ 坍落度值仍然有 38mm，大于对比试样 RC0 的坍落度值 30mm。

4.4.3 橡胶混凝土含气量

新拌橡胶混凝土的含气量测试结果如图 4-21 所示。随橡胶颗粒取代砂子量的增加，橡胶混凝土的含气量不断增加，在 10% 掺量之前，含气量增加速率较大，其后随橡胶颗粒掺量的增加，含气量增加速率减小。相同掺量下，40 目橡胶颗粒对混凝土含量增加作用大于 5 目橡胶颗粒。表面改性后橡胶混凝土含气量较未改性橡胶混凝土有所增加。

橡胶颗粒对新拌混凝土的含气量影响与 3.4 节所讨论的橡胶颗粒对砂浆孔结构影响原因相似。即橡胶颗粒引入混凝土中的含气量 AE 可以由式（4-6）计算：

$$AE = \lambda (V_r - V_{rc}) + V_{rc} \tag{4-6}$$

式中　V_r——橡胶颗粒表面所有凹坑总体积；

　　　V_{rc}——橡胶颗粒表面所有水不能充填的凹坑总体积；

　　　λ——最终留在橡胶混凝土中的引气量与最大引气量的比值，与制样时的搅拌与振动条件相关，当橡胶掺量较小时，λ 较大，当橡胶掺量较大时，λ 较小。

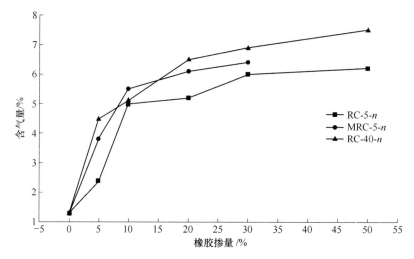

图 4-21　橡胶颗粒对混凝土含气量的影响

因此，橡胶颗粒掺量较低时，含气量迅速增加，从橡胶颗粒表面排出但留在混凝土中气泡较多，橡胶混凝土中的含气量迅速增加，无论 40 目还是 5 目橡胶颗粒，掺量小于 10% 时，含气量迅速增加便是这个原因。橡胶颗粒掺量继续增加，混凝土中的气泡量达到了饱和，含气量的增加主要由橡胶颗粒表面未被水充满的凹坑体积 V_{rc} 决定，增加速率降低。

相同的橡胶颗粒掺量，颗粒越小，比表面积越大，表面越粗糙，相同掺量下 V_r 和 V_{rc} 越大。因此相同掺量下 40 目橡胶颗粒混凝土含气量要大于 5 目橡胶颗粒混凝土。

橡胶颗粒表面改性减小了橡胶表面与水的接触角，有利于减少橡胶颗粒与水泥基体界面处的空气量，但可能由于改性剂具有与引气剂相似的作用，阻碍了气泡从混凝土中逸出，造成橡胶混凝土总含气量增加。所以相同掺量下，改性橡胶混凝土的含气量大于未改性的橡胶混凝土。

4.4.4　橡胶混凝土表观密度

新拌橡胶混凝土的表观密度测试结果如图 4-22 所示。随橡胶颗粒含量增加，橡胶混凝土表观密度降低。相同掺量下，40 目橡胶混凝土表观密度小于 5 目橡胶混凝土，橡胶颗粒表面改性后，橡胶混凝土的表观密度与改性前相比没有明显变化。

橡胶混凝土表观密度的降低主要受到两个方面的影响。一方面是因为橡胶颗粒本身密度较低，造成橡胶混凝土表观密度随橡胶掺量的增加而线性降低，这是主要方面；另一方面是由于橡胶颗粒在混凝土中引入了较多的气孔，其对橡胶混凝土表观密度的影响与引气量变化规律相似，只是增加与降低的方向相反。

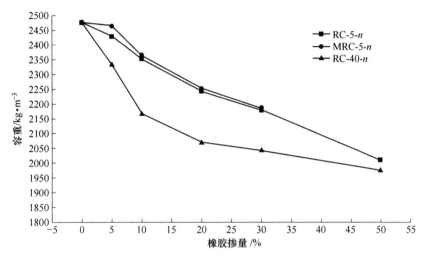

图 4-22　橡胶颗粒对混凝土表观密度的影响

4.4.5　橡胶混凝土抗压强度

橡胶混凝土抗压强度试验结果如图 4-23 所示，随橡胶颗粒掺量的增加，混凝土抗压强度快速降低，40 目橡胶颗粒混凝土抗压强度降低率大于 5 目橡胶混凝土，这与文献 [22]、[23]、[63] 结果相似。这主要是因为相同掺量下，40 目橡胶颗粒与 5 目橡胶颗粒相比具有更大的比表面积，根据式（3-35）可知，在橡胶-水泥石界面过渡区处存在着更多的孔隙，必然造成混凝土抗压强度更大幅度的降低。改性橡胶颗粒混凝土抗压强度与未改性橡胶混凝土相比有所提高，试样 MRC-5-10 抗压强度较 RC-5-10 提高了 8.37%。MRC-5-10$_{0.38}$ 试样抗压强度与 RC-5-10 试样相比提高了 25.91%，说明丙烯酸偶联剂的减水作用可以大幅度提高橡胶混凝土的抗压强度。

从图 4-24 可以看出，橡胶混凝土的抗压强度随表观密度的增加而增加，存在着线性关系。对于 RC-5-n 试样，其回归公式为式（4-7），相关系数为 0.957；对于 RC-40-n 试样，其回归公式为式（4-8），相关系数为 0.9788；对于 MRC-5-10 试样，其回归公式为式（4-9），相关系数为 0.9455；线性关系都比较显著。

$$y = 0.0801x - 150.7 \qquad (4\text{-}7)$$
$$y = 0.0775x - 140.1 \qquad (4\text{-}8)$$
$$y = 0.0839x - 158.1 \qquad (4\text{-}9)$$

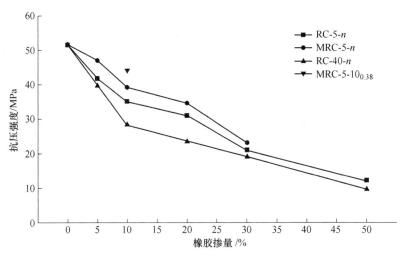

图 4-23   橡胶颗粒对混凝土抗压强度的影响

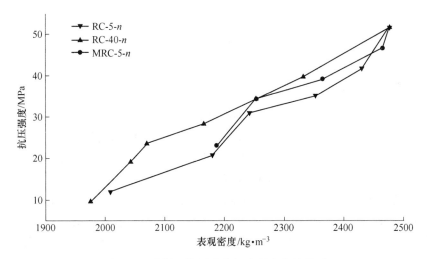

图 4-24   混凝土抗压强度与表观密度的关系

4.4.6 橡胶混凝土抗折强度

橡胶混凝土抗折强度试验结果如图 4-25 所示。可以看出，橡胶混凝土的抗折强度随着橡胶颗粒掺量增加而降低，与抗压强度降低速率相比，抗折强度降低速率较小。因为抗折强度测试过程中试样一半截面受到的是拉应力，抗折强度的

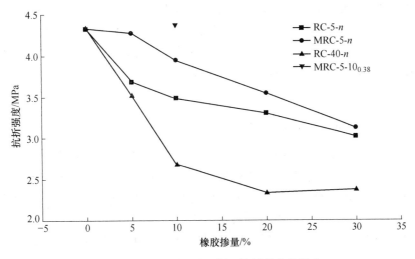

图 4-25 橡胶颗粒对混凝土抗折强度的影响

大小可以间接说明混凝土抗拉性能的好坏，我们通常把混凝土的抗折强度与抗压强度的比值称为混凝土的韧性指数[44]，用其来表征混凝土在破坏时吸收能量的大小。橡胶混凝土韧性指数随橡胶颗粒掺量变化规律如图 4-26 所示，随着橡胶颗粒掺量增加，橡胶混凝土韧性指数增加。这是因为普通混凝土是脆性材料，破坏时裂缝扩展迅速，没有阻止裂纹扩展的因素存在。而橡胶颗粒掺入混凝土后，破坏时裂纹虽然会绕过橡胶颗粒，通过橡胶-水泥石的界面薄弱区域继续发展，但由于橡胶颗粒在裂纹扩展过程中可以发生较大的变形，吸收了部分能量，从而改善了混凝土的韧性。

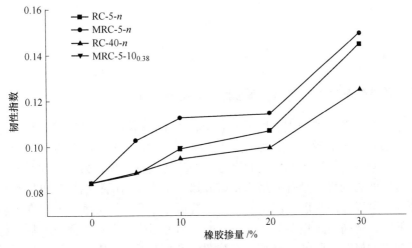

图 4-26 橡胶颗粒对混凝土韧性指数的影响

通过橡胶颗粒表面改性可以提高橡胶混凝土的抗折强度，而且在掺量较低时提高率较明显，试样 MRC-5-5 抗折强度较 RC-5-5 提高了 22.4%，而试样 MRC-5-30 抗折强度较 RC-5-30 仅提高了 3.3%。MRC-5-10$_{0.38}$ 试样抗折强度与 RC-5-10 试样相比提高了 26.4%，说明通过丙烯酸偶联剂的减水作用可以大幅度提高橡胶混凝土的抗折强度。

4.4.7　橡胶混凝土劈裂抗拉强度

图 4-27 为橡胶混凝土劈裂抗拉强度随橡胶颗粒掺量的变化规律，可以看出，随橡胶颗粒掺量增加，橡胶混凝土劈裂抗拉强度降低，其变化规律与橡胶混凝土抗折强度变化规律具有相似性。表面改性后的橡胶混凝土劈裂抗拉强度在低掺量时有较大提高，通过丙烯酸偶联剂的减水作用可以大幅度提高橡胶混凝土的劈裂抗拉强度，MRC-5-10$_{0.38}$ 试样劈裂抗拉强度与 RC-5-10 试样相比提高了 35.5%。

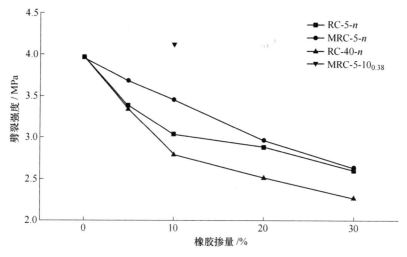

图 4-27　橡胶颗粒对混凝土劈裂抗拉强度的影响

4.4.8　橡胶表面改性对混凝土强度性能的影响分析

关于橡胶颗粒对混凝土强度的影响所有研究者都得出了共同的结论：橡胶颗粒的加入会强烈影响混凝土的强度。研究者[45]指出这主要有两方面的原因，一方面是橡胶颗粒与混凝土基体之间有巨大的弹性模量差异，另一方面是橡胶颗粒与水泥石之间弱的界面结合。从 4.4.5 节到 4.4.7 节的试验结果都可以看出，通过表面改性可以提高橡胶混凝土的抗压、抗折和劈裂抗拉强度，而且在橡胶颗粒含量较低时，提高效果更明显。这一方面是因为当橡胶颗粒表面改性后，橡胶颗粒表面与水的接触角降低，减小了橡胶颗粒表面附近的水因表面张力作用而离开橡胶颗粒表面的动力，同时由于丙烯酸偶联剂伸展在橡胶颗粒表面周围的亲水性长支链进一步阻止了水离开橡胶颗粒表面，使橡胶颗粒表面附近的水泥颗粒能够有足够的水进行水化，降低了橡胶-水泥石界面处的孔隙率，提高了橡胶颗粒与水泥水化产物的结合面积。另一个更重要的方面是橡胶颗粒表面接枝的丙烯酸偶联剂中丙烯酸双键与橡胶颗粒表面发生了化学结合，而亲水性基团（醚基、酯基）吸附在水泥水化产物表面，在橡胶颗粒与水泥石之间形成了较强的纽带作用，提高了橡胶颗粒与水泥基体界面结合力（见图4-11）。SEM观测结果（见图4-14）表明橡胶颗粒改性后与水泥基体界面裂隙明显减小，证明了丙烯酸偶联剂对橡胶颗粒水泥基体界面的改善作用。

另一个现象是利用丙烯酸偶联剂的减水作用，通过降低水灰比可以更大幅度的提高橡胶混凝土的各项强度。这说明，虽然橡胶颗粒表面改性能够提高橡胶混凝土的强度，但混凝土基体强度的提高将更有利于橡胶混凝土的强度。

4.4.9 橡胶混凝土抗冲击性能

橡胶颗粒混凝土抗冲击性能测试结果如图4-28~图4-30所示，图中三条线分别表示三块试样测试结果中最大、最小和平均冲击次数。可以看出，掺入橡胶颗粒后，混凝土抗冲击性能有了明显改善，RC-5-n试样在橡胶颗粒掺量为5%~10%时达到最大抗冲击次数，继续增加掺量，试样抗冲击次数减小。RC-40-n试样也在橡胶颗粒掺量达到5%~10%时达到最大抗冲击能力，继续增加掺量，试样抗冲击次数减小。橡胶颗粒表面改性试样抗冲击次数高于未改性试样，而且随橡胶颗粒掺量增加抗冲击次数不断增加，直到30%掺量后才出现降低趋势。另一个特点是未改性试样抗冲击测试结果有较大波动，而改性试样测试结果波动性明显减小。

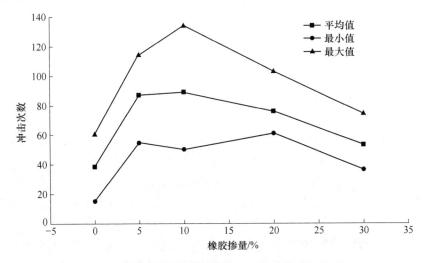

图4-28　5目橡胶颗粒对混凝土抗冲击性能的影响

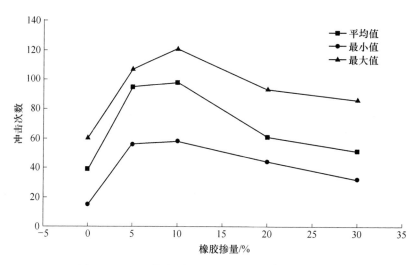

图 4-29　40 目橡胶颗粒对混凝土抗冲击性能的影响

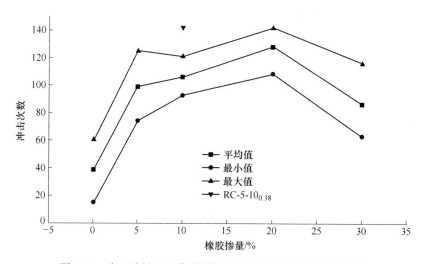

图 4-30　表面改性 5 目橡胶颗粒对混凝土抗冲击性能的影响

　　这主要是因为橡胶颗粒的加入使橡胶混凝土内部弹性性能变好，在受到相同的冲击荷载时，橡胶混凝土的各点在受冲击方向能够产生比素混凝土大的位移，而且产生的是振荡位移回复，有利于能量的吸收和耗散，抗冲击能力强；而素混凝土刚度大，产生的是线性位移回复，不利于能量的释放和耗散，抗冲击性较差。

　　从图 4-31 可以看到 RC0 试样冲击开裂时，在钢球冲击处表面出现的坑不仅小而且浅，RC-5-10 试样冲击开裂时，在钢球冲击处表面有一个明显的大坑，深

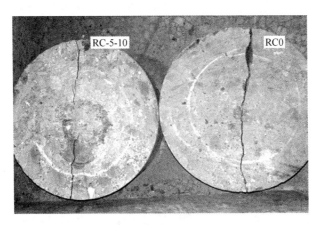

图 4-31　冲击破坏时的混凝土试样照片

度 5mm 左右。另外，RC0 试样在最后一次冲击时裂缝会立刻贯穿试块上下，而 RC-5-10 试样在开裂前首先出现微细裂纹，需要进一步冲击 2~3 次才会开裂。这是因为在混凝土内部微裂纹的发展阶段，当微裂缝尖端扩展到橡胶颗粒附近时，橡胶颗粒能够产生较大的变形，裂缝尖端的应力得到缓解，从而抑制了裂缝的扩展，需要进一步获得能量进行扩展。

4.5 橡胶砂浆抗渗性能

4.5.1 橡胶砂浆抗渗性测试方法

将砂、水泥、橡胶颗粒按表 3-1 所示的配比在 HJW-60 型单卧轴搅拌机中先干拌 120s，再加入水，搅拌 240s。将拌和物加入准备好的截头圆锥金属试模（上口直径 70mm，下口直径 80mm，高 30mm）中，放到 HZJ 型磁力振动台上震动 120s 左右，在标准养护箱中养护 24h 后脱模，放入 20℃水中继续养护至 28 天，取出进行抗渗性试验。每个配比制备各 6 个试块，未改性橡胶砂浆试样编号为 RM-100-5、RM-100-10、RM-100-20、RM-100-30；经丙烯酸表面改性的橡胶砂浆试样编号为 MRM-100-5、MRM-100-10、MRM-100-20、MRM-100-30，未掺橡胶的空白试样编号为 RM0。具体测试步骤如下：

（1）试件养护至试验前 1 天取出，将表面晾干，将石蜡加热至融化，一手滚动试块，使其表面沾上一层 3~4mm 的石蜡，再用聚四氟乙烯生料带缠绕包裹 4 层。将处理好的试块放在一旁冷却，同时将试模放在电阻炉加热到 40~50℃，然后将加热的试模套在处理好的试块上，加压使其与试块紧密接触，冷却后将试模安装就位。连同试件套装在抗渗仪上进行试验。

（2）试验时将水压控制为（1.5±0.05）MPa，24h 后停止试验，取出试件。

（3）将试件放在压力机上，沿纵断面将试件劈成两半。待看清水痕后（约过 2~3min），用墨汁描出水痕，即为渗水轮廓。

（4）将梯形玻璃板放在试件劈裂面上，用尺测量 10 条线上的渗水高度（准确至 0.1cm）。

（5）试验结果计算：以 8 个测点处渗水高度的算术平均值作为该试件的渗水高度。然后再计算六个试件的渗水高度的算术平均值，作为该组试件的平均渗水高度。

4.5.2　橡胶砂浆渗水高度测试结果

在 1.5MPa 保压 24 小时的条件下，所有试样都没有出现渗透情况，所以橡胶砂浆抗渗结果用渗水高度来表征。橡胶砂浆抗渗试验结果见表 4-6。

表 4-6　橡胶水泥砂浆渗透高度

试样编号	平均最大渗水高度/mm	平均最小渗水高度/mm	平均渗水高度/mm
RM0	10	5	7
RM-100-3	5	3	4
RM-100-5	6	3	5
RM-100-10	6	3	5
RM-100-20	12	6	10
RM-100-30	20	10	14
MRM-100-3	4	2	3
MRM-100-5	4	2	3
MRM-100-10	4	2	3
MRM-100-20	10	5	7
MRM-100-30	15	8	10

可以看出，在橡胶颗粒掺量较低时，橡胶砂浆试样的渗水高度小于对比试样 RM0，但当橡胶掺量达到 20% 以上时，橡胶砂浆试样渗水高度大于对比试样 RM0。当对橡胶颗粒进行表面改性后，橡胶砂浆试样的渗水高度都有所降低，抗渗性能有所提高。

表 4-6 中最大渗水高度出现在试件的边缘,最小渗水高度出现在试件的中心位置,造成此种现象的原因可能是实验过程中水在压力的作用下沿着试模与试块壁之间的微小缝隙向上升,在此过程中,水可能从侧面对试块进行横向渗透,所以试块的平均最大渗水高度可以作为参考使用。

4.5.3 橡胶砂浆孔结构与抗渗性的关系

关于混凝土孔结构对其抗渗性的影响已经有很多研究,早期研究认为混凝土的孔隙率对混凝土的渗透性有影响,随后的研究发现孔结构(孔隙率,孔径尺寸与分布,孔的形状及其空间分布)对混凝土渗透性能有更重要的影响。不同学者[112~114]分别根据混凝土孔径尺寸和其形成原因对孔隙进行了分类,一般认为只有孔径在 100nm 以上的孔才对混凝土的强度和抗渗性有害,孔径小于 50nm 的孔含量越大,抗渗性能越好。根据以往研究,可以认为,对混凝土抗渗性有害的孔主要是相互连通的孔径大于 100nm 的毛细孔。有利于增加毛细孔量及其连通性的因素都会增加混凝土的渗透性,反之则会降低混凝土的渗透性。

根据第 3 章橡胶砂浆孔结构研究,橡胶颗粒掺入砂浆,对水泥砂浆孔结构的影响主要是增加了橡胶-水泥石界面孔隙和橡胶颗粒表面排出气体留在水泥砂浆中的气泡,其大小主要是大于 100nm 的毛细孔。相同橡胶颗粒掺量下砂浆孔隙率与渗水高度关系如图 4-32 所示。可以看出,在橡胶砂浆孔隙率较低时,其渗水高度与空白试样相比降低,而当橡胶砂浆孔隙率达到一定程度后,其渗水高度大于空白试样。

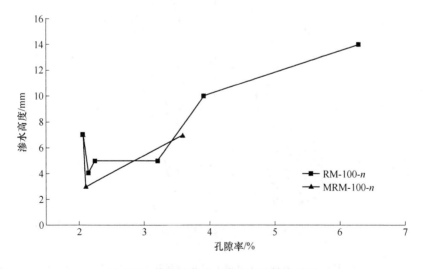

图 4-32 橡胶砂浆渗水高度与孔隙率关系

由于橡胶颗粒的掺入,可以使水泥砂浆中的毛细孔量增加,但在橡胶砂浆中出现了如图 4-33 所示的毛细孔，孔壁由橡胶表面和水泥石表面共同构成，一部分表面具有亲水性，一部分表面具有憎水性。其对橡胶集料混凝土的渗透性影响刘春生等在文献［69］中已有详细分析，并提出了式（4-10）所示的橡胶集料混凝土毛细孔作用方程。由于毛细孔壁由橡胶和水泥水化产物组成，式（4-10）可以细化为式（4-11），式中 σ 表示水的表面张力；θ_c 表示水与水泥石的表面接触角；θ_r 表示水与橡胶的表面接触角；α 表示毛细孔壁面积中水泥石所占比例；β 表示毛细孔壁面积中橡胶颗粒所占比例。当 α 等于 100% 时表示毛细孔是水泥石内部的孔，当 β 等于 100% 时表示毛细孔为橡胶内部的孔，其余都为橡胶与水泥石共同形成的毛细孔。由于 θ_c 通常可认为等于 0，θ_r 这里取 115°，所以式（4-11）可以变为式（4-12），可以看出，当毛细孔孔壁 70% 以上由橡胶构成时，毛细管力就会阻止水分进入橡胶砂浆内部，孔径 r 越小，阻力越大。当毛细孔孔壁橡胶所占比例小于 70% 时，毛细管力作用会促进水分进入橡胶砂浆内部，孔径 r 越小，促进力越大。

$$P = \frac{\sigma(\cos\theta_c + \cos\theta_r)}{2r} \tag{4-10}$$

$$P = \frac{\sigma(\alpha\cos\theta_c + \beta\cos\theta_r)}{r} \tag{4-11}$$

$$P = \frac{\sigma(\alpha - 0.42\beta)}{r} \tag{4-12}$$

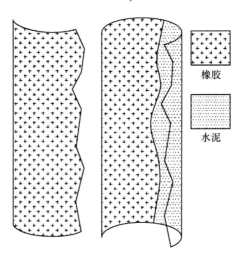

图 4-33　橡胶砂浆中的毛细孔

综上所述，橡胶颗粒一方面可以增加砂浆的毛细孔含量，从而增加了砂浆的渗透性；另一方面可以引入封闭气泡，同时会形成一部分阻止水渗透的毛细孔，阻断了毛细孔的连通性，降低了砂浆的渗透性。当橡胶颗粒掺量较低时，对毛细孔含量增加不明显，而引入封闭气泡的作用更明显，对砂浆毛细孔连通性阻断作用占优势，所以橡胶砂浆渗水高度在橡胶颗粒掺量不大于 10% 之前都有所降低，而当橡胶颗粒掺量较高时，橡胶砂浆孔隙率大幅度增加，而且主要是大孔含量增加，毛细孔连通性增强，原本具有阻止水渗透作用的毛细孔由于孔径增加而使阻止作用减弱，或者由于橡胶所占毛细孔壁比例减小而转变成为具有促进水渗透的作用。

4.6 本章小结

（1）丙烯酸偶联剂对橡胶颗粒表面进行改性的方法为：将质量为橡胶颗粒质量 1% 的丙烯酸配制成质量浓度为 80% 的乙醇溶液，将质量为丙烯酸质量 3% 的对甲苯磺酸与丙烯酸摩尔质量 3% 的聚乙二醇（1000）混合均匀，然后加入丙烯酸溶液制备丙烯酸偶联剂改性液，将改性液撒在橡胶颗粒表面，通过双辊开炼机反复辊压使其充分浸润橡胶颗粒，然后将浸润了改性液的橡胶颗粒放入真空干燥箱，在真空下加热到 40℃，保温 30min，将乙醇蒸发除去，再加热到 120℃，保温 45min，使改性液中各组分之间进行反应，同时丙烯酸双键与橡胶颗粒表面断键相结合，随后停止加热，使橡胶颗粒在烘箱内冷却到室温，用 20% 氢氧化钠溶液清洗橡胶颗粒，烘干至恒重。

（2）经丙烯酸偶联剂改性后，平整橡胶表面与自来水接触角在 74° 左右；经 200 目砂纸打磨过的橡胶表面与水的接触角在 100° 左右；平整橡胶表面与水泥净浆泌水的接触角在 70° 左右；经 200 目砂纸打磨过的橡胶表面与水的接触角在 92° 左右。

（3）经丙烯酸偶联剂改性后，5 目橡胶颗粒活化指数从 75.4% 提高到 100%，40 目橡胶颗粒活化指数从 9.8% 提高到 66.7%，XPS 测试证明丙烯酸偶联剂与橡胶表面发生了化学结合。

（4）经丙烯酸偶联剂改性的橡胶-水泥石界面过渡区厚度 EDS 测试值为 50μm 左右，与利用界面数学模型计算值 43μm 差别不大，证明了模型的正确性。由于橡胶颗粒表面接枝了丙烯酸偶联剂，使橡胶-水泥石界面处的高孔隙率层不再明显。

（5）与未改性橡胶相比，经丙烯酸偶联剂表面改性后，新拌橡胶混凝土坍落度较改性前有较大提高，含气量增加，表观密度没有明显变化。橡胶混凝土水灰比由 0.4 降低到 0.38 时，改性橡胶混凝土的坍落度仍大于水灰比为 0.4 的空白混凝土；

（6）与未改性橡胶相比，经丙烯酸偶联剂表面改性后，硬化橡胶混凝土抗压强度，抗折强度，劈裂抗拉强度，抗冲击次数都有所提高，尤其是利用丙烯酸偶联剂的减水性降低水灰比后，硬化橡胶混凝土抗压强度，抗折强度，劈裂抗拉强度等性能都有较大提高。

（7）与未改性橡胶相比，经丙烯酸改性后，橡胶砂浆的总孔隙率有所降低，但在 0.6~7.1μm 之间的孔隙率有所增加。

（8）当橡胶颗粒掺量小于 10% 时，橡胶砂浆渗水高度小于空白砂浆试样渗水高度，当橡胶颗粒掺量大于 20% 时，橡胶砂浆渗水深度大于空白砂浆试样。经丙烯酸偶联剂表面改性后，橡胶砂浆抗渗性有所改善。

（9）通过丙烯酸偶联剂虽然改善了橡胶颗粒与水泥石的界面结合，但由于种种原因，橡胶-水泥石界面过渡区仍有一定的高孔隙区域，改性效果仍不理想。下文将利用橡胶自身的热性能来改善橡胶-水泥石界面结合。

5 低温热处理对橡胶-水泥石界面及混凝土性能的影响

虽然通过橡胶颗粒表面改性方法可以改善橡胶-水泥石界面结合，但表面改性后的橡胶颗粒与水的接触角仍在 70°以上，橡胶-水泥石界面改善效果受到极大限制。为了能更好地改善橡胶-水泥石界面结合，本章根据混凝土和废旧轮胎橡胶在 200~300℃间的性能变化特点，探索了低温（200~300℃）热处理的方法来对硬化橡胶混凝土进行处理，使橡胶颗粒发生部分热降解而与水泥基体发生黏结，从而改善橡胶-水泥石界面结合。书中低温热处理特指真空条件下 250℃加热条件，真空度为-0.07~-0.09MPa。

5.1 试验方法

5.1.1 橡胶颗粒真空分解现象观察

将橡胶颗粒装入烧瓶中，按图 5-1 所示连接装置，采用循环水真空泵抽取真空，采用纤维加热套将橡胶颗粒分别加热到 100℃、200℃、250℃、300℃，并在各个温度保温 1.5h，观察橡胶颗粒在不同温度下的变化情况。

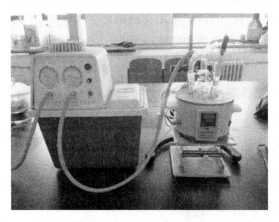

图 5-1　真空加热装置图

5.1.2 橡胶颗粒 TG-DSC 分析

将橡胶颗粒用清水清洗后在鼓风干燥箱中 60℃干燥至恒重。使用型号为

SETSYS-1750 CS 的热分析仪进行 TG-DSC 分析，加热速率 10℃/min，最高温度 600℃，气氛为氩气。

5.1.3　水泥石 TG-DSC 分析

按水灰比 0.4 拌制水泥净浆，在 2cm×2cm×2cm 模具中成型，在标准条件下养护 24h 后脱模，继续在标准条件下养护至 60 天后取出，在鼓风干燥箱中 60℃ 干燥至恒重。敲碎后用研钵研磨成粉状，使用型号为 SETSYS-1750 CS 的热分析仪进行 TG-DSC 分析，加热速率 10℃/min，最高温度 600℃，气氛为氩气。

5.1.4　水泥石 XRD 分析

将 5.1.3 节所制备的水泥净浆试样分别加热到 100℃、200℃、250℃并保温 1.5h，取不同温度热处理后的试样，研磨后过 45μm 筛，用型号为 X'Pert PRO 的 X 射线衍射仪进行 X 射线衍射分析。

5.1.5　橡胶-水泥石界面显微硬度分析

本书中采用如下方法制备橡胶-水泥石显微硬度测试试样。将 20 目橡胶颗粒用清水清洗表面，在鼓风干燥箱中烘干至恒重，放入水灰比为 0.4 的水泥净浆中，用聚丙烯塑料管作为模具制备 φ1.5cm×1cm 的水泥净浆圆柱试样，在标准养护条件下 1 天脱模，再在标准养护条件下养护至 90 天后取出，将试样在真空下加热到 250℃保温 1.5h，冷却到室温后用 2000 目砂纸轻轻将橡胶表面打磨出，用棉球蘸取无水乙醇将表面擦拭干净。

用型号为 MC010-HV-1000 的维氏显微硬度计测试橡胶-水泥石界面显微硬度值（MHV）分布。操作参数为加载载荷 100N、保载时间 15s，在放大倍数 400 倍下观测压痕尺寸。

5.1.6　橡胶-水泥石界面 SEM-EDS 分析

采用 5.1.5 节所述方法制备 SEM-EDS 分析试样进行分析。SEM 型号为 JSM-6360、能谱仪型号为 INCAx-sight MODEL：7582。

5.2　橡胶颗粒经不同温度热处理后的变化

5.2.1　橡胶颗粒真空热分解现象

将 5 目橡胶颗粒装在图 5-1 所示装置中进行真空热分解试验，观察不同温度下所发生的现象和橡胶颗粒外观变化情况。观察结果如下：

橡胶颗粒在加热到 100℃并保温 1.5h 的过程中，没有变化，当将橡胶倒出三口烧瓶时，瓶底附有淡黄色油状物，但量很少。冷却后的烧瓶如图 5-2 所示，瓶底有少量油状物，瓶壁大部分地方没有油状物附着。

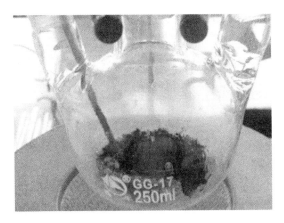

图 5-2　橡胶颗粒 100℃加热 1.5h

橡胶颗粒在加热到 200℃并保温 1.5h 的过程中，在达到 180℃后，烧瓶内有白色烟雾大量产生。瓶口处已有黄色油状物。在 200℃保温时，黄色油状物越来越明显，开始顺着瓶壁向下流。冷却后的烧瓶如图 5-3 所示，瓶壁上有较多黄色油状物。

图 5-3　橡胶颗粒 200℃加热 1.5h

橡胶颗粒在加热到 250℃并保温 1.5h 的过程中，在达到 180℃后，烧瓶内有白色烟雾产生，瓶壁出现黄色油状物，随着温度继续升高，黄色油状物越来越多，沾满了瓶壁。冷却后的烧瓶如图 5-4 所示，瓶壁上的黄色油状物顺着瓶壁向下流，橡胶颗粒已有部分粘连，并且黏结在烧瓶壁上。

橡胶颗粒在加热到 300℃并保温 1.5h 的过程中，现象与 250℃时相似，只是油状物更多地被蒸发出了烧瓶，而且橡胶颗粒开始变黏，在烧瓶底部上粘了很多

图 5-4　橡胶颗粒 250℃加热 1.5h

黑色物质，这与文献［73］观察结果相似。300℃保温结束后发现橡胶颗粒相互之间发生了黏结，并且黏结在烧瓶壁上，冷却后的烧瓶如图 5-5 所示。

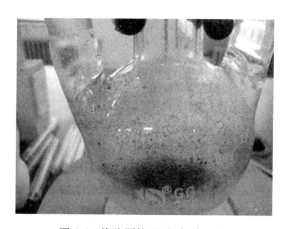

图 5-5　橡胶颗粒 300℃加热 1.5h

以上现象产生的原因是橡胶加工过程中会加入较多的助剂来改善其加工性能，这些助剂通常是有机小分子物质（橡胶颗粒性能中的丙酮抽提物），当橡胶颗粒受热时，这些小分子助剂会从橡胶颗粒内部扩散到橡胶颗粒表面而挥发脱除。在 150℃以下时，橡胶颗粒中的小分子助剂运动性较差，挥发脱除量少，而当温度达到 250℃以上时，橡胶颗粒中的小分子助剂大量挥发，而且橡胶分子运动增强，甚至会有部分发生断键降解，因此相互接触的橡胶颗粒发生黏结。

5.2.2　橡胶颗粒 TG-DSC 分析结果

图 5-6、图 5-7 分别为 5 目橡胶颗粒与 100 目橡胶颗粒的 TG-DSC 测试结果。

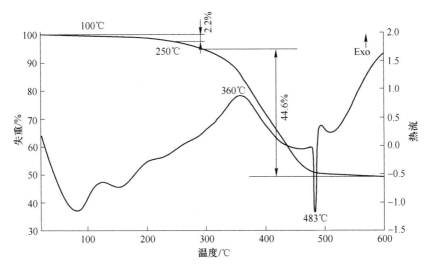

图 5-6　5 目橡胶颗粒 TG-DSC

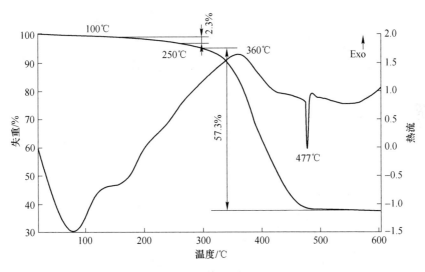

图 5-7　100 目橡胶颗粒 TG-DSC

可以看出，5 目与 100 目橡胶颗粒的 TG-DSC 曲线是相似的，在 100℃之前，有一个吸热峰，但没有明显失重，是橡胶颗粒表面吸附的一些空气分子等的脱吸附过程。在 100~250℃之间有两个吸热峰，100 目橡胶颗粒总失重 2.3%，5 目橡胶颗粒总失重 2.2%，为橡胶加工过程中的小分子助剂挥发过程[75]。在 360℃有一个明显放热峰，是天然橡胶和丁二烯橡胶解聚过程[76]。5 目橡胶颗粒在 483℃，100 目在 477℃，有一个尖锐的吸热峰，对应着丁二烯的分解过程。100 目橡胶颗粒总失重率为 62.1%，5 目橡胶颗粒总失重率为 51.1%，两者的区别可能是由于

5 目橡胶颗粒过大，在测试升温速率下没有完全分解所致。

与 5.2.1 节橡胶颗粒真空分解观察现象相比，在 250℃ 真空加热时所观察到的橡胶颗粒所挥发的油状物量要大于 TG 分析的失重率 2.3%，这一方面是因为 TG-DSC 分析的气氛是氩气，升温速率是 10℃/min，而真空热分解观察过程是在真空环境中，而且在 250℃ 保温了 1.5h，橡胶颗粒中的可挥发物在真空条件下更容易挥发，而且挥发时间更长所造成的。橡胶颗粒在 250℃ 真空加热 1.5h 后，相互间已经发生了相互黏结，说明橡胶颗粒已经有降解和分子扩散现象，从 TG-DSC 分析可以看出橡胶颗粒在 250℃ 以上时就已经开始了放热过程，这与真空加热过程观察结果相一致。

5.3　水泥石经不同温度热处理后的变化

5.3.1　TG-DSC 分析结果

图 5-8 为养护 60 天后的水泥石 TG-DSC 分析结果，可以看出，在 100℃ 之前，水泥石失重 4.3%，这主要是水泥石中的自由水和结合较弱的结晶水。在 120℃ 的吸热峰为水化硅酸钙、钙矾石脱水过程，在 165℃ 的吸热峰为低硫水化硫铝酸钙脱水过程，在 464℃ 的吸热峰为氢氧化钙脱除结构水的分解过程。在 100 ~ 250℃ 之间水泥石失重 18.6%，主要是由于水泥石中各种矿物吸附或结合比较薄弱的水分脱除挥发所致。

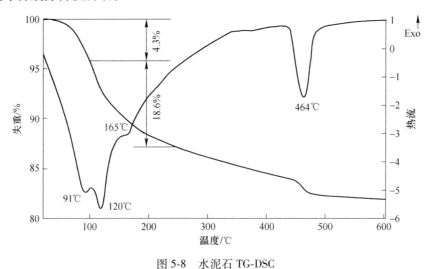

图 5-8　水泥石 TG-DSC

5.3.2　XRD 分析结果

图 5-9 为室温和分别加热到 100℃、200℃、250℃ 并保温 1.5h 的水泥石 XRD

分析结果。可以发现，从室温到 250℃，水泥石中氢氧化钙（CH）的峰位，峰形没有明显变化；未水化水泥矿物硅酸三钙和硅酸二钙（C_2S，C_3S）的峰位和峰形也没有发生明显变化；在室温和 100℃ 作用的水泥石试样中，存在着钙矾石（Aft）的衍射峰，而在 200℃、250℃ 处理的试样中，钙矾石峰已经消失。

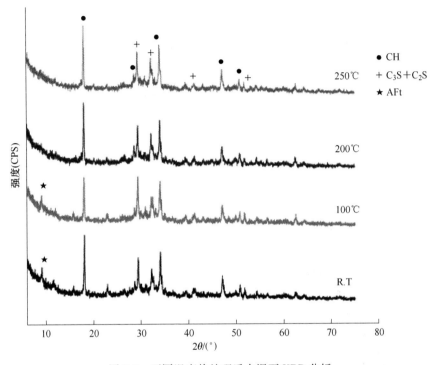

图 5-9　不同温度热处理后水泥石 XRD 分析

以上结果说明，水泥石在 250℃ 以下热处理过程中，其主要矿物成分都没有发生明显变化，只有在较高温度（200℃、250℃）时水泥石中的少量成分钙矾石会发生分解。因此在 250℃ 以下热作用过程中水泥石的结构没有发生明显变化，其力学性能应该也不会发生明显变化，文献 [77] 也证明了这一点。

5.4　低温热处理对橡胶-水泥石界面的影响

5.4.1　显微硬度分析结果

图 5-10 为在硬度测试前拍得的界面照片，可以看出，橡胶颗粒表面凹凸不平，经 250℃ 真空热处理后，橡胶-水泥石界面变得模糊。以图像中观测到的橡胶颗粒表面为起点，向水泥基体侧移动测试显微硬度，同时向橡胶颗粒内部移动也进行了显微硬度测试，在橡胶颗粒周围相近距离测试多个硬度值，记录硬度变化，结果如图 5-11 所示，可以看出，经热处理后，橡胶-水泥石界面起始处便可

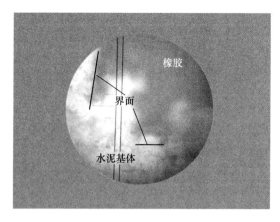

图 5-10　低温热处理橡胶-水泥石界面照片（×400）

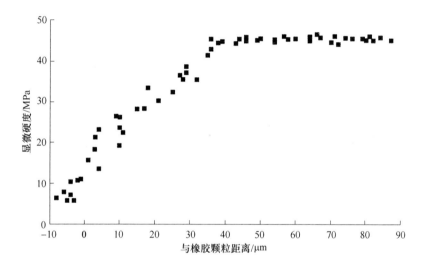

图 5-11　低温热处理橡胶-水泥石界面区显微硬度

测到硬度值，甚至距表面 $10\mu m$ 左右的橡胶内部一些地方也能测得显微硬度值。说明橡胶颗粒在热处理作用下可能已经部分降解扩散进入橡胶-水泥石界面孔隙，橡胶与水泥石的结合有明显改善。水泥基体侧显微硬度随距离增加快速而增大，当距离达到 $35\mu m$ 以上时，显微硬度达到 45MPa 以上，距离继续增加显微硬度变化不大，说明橡胶-水泥石界面过渡区的宽度在 $35\mu m$ 左右，如果加上橡胶颗粒内部 $10\mu m$，则橡胶-水泥石界面过渡区的宽度在 $45\mu m$ 左右。这是由于橡胶颗粒受热后，橡胶颗粒本身及其降解物分子运动能力增强，已经部分扩散到水泥基体内，与水泥基体产生了较好的结合，所测到的硬度已经是橡胶-水泥石界面过渡区强度较高部分的硬度。与未处理橡胶-水泥石界面显微硬度测试结果相比，界面过渡区宽度有明显减小。

5.4.2 橡胶-水泥石界面 SEM-EDS 分析结果

图 5-12 显示了在橡胶-水泥石界面 SEM 观察基础上，选取的一条 EDS 线扫描路径，如图所示，贯穿了橡胶颗粒、界面区和水泥基体。图 5-13~图 5-15 分别为扫描路径上 C 元素、Ca 元素和 Si 元素的分布图。可以发现，C 元素近似在 27μm 处有明显降低，但在 27~60μm 范围内仍有较多分布，这是加热条件下橡胶分子及其分解物分子向水泥基体扩散的结果。而且由于这种扩散，使橡胶及其分解物填充了橡胶-水泥石界面孔隙；Ca 元素近似在 37μm 处有明显降低，但在

图 5-12　EDS 线扫描分析路径

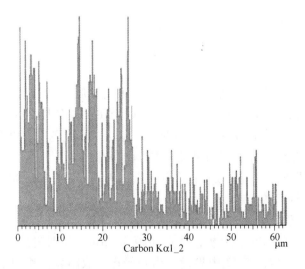

图 5-13　EDS 扫描线上 C 元素分布

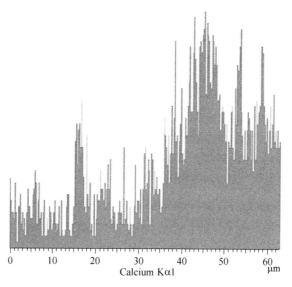

图 5-14   EDS 扫描线上 Ca 元素分布

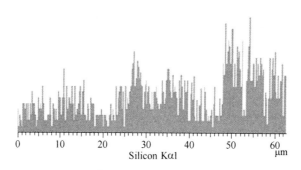

图 5-15   EDS 扫描线上 Si 元素分布

0~37μm 范围内仍有较多分布，这一方面是因为橡胶-水泥石界面过渡区原本就含有 Ca 元素，另一方面可能由于 Ca 原子也会在加热条件下向橡胶颗粒内部扩散；Si 元素近似在 48μm 处有明显降低，但在 0~48μm 范围内仍有较多分布，这一方面是因为橡胶-水泥石界面过渡区本身就含有 Si 元素，另一方面可能由于 Si 原子也会在加热条件下向橡胶颗粒内部扩散，再一方面是橡胶颗粒内本身含有二氧化硅作为增强剂。

　　为了进一步确定界面过渡区的范围元素的分布，选 4 条垂直于图 5-12 中界面线的路径进行了 EDS 点分析，选点间距为 5μm。分别测试了 C 元素，Ca 元素，Si 元素含量。以图 5-12 中界面线为起始点，取距界面相同距离点测试结果的平均值对距界面距离作图，如图 5-16 所示。可以看出，在橡胶侧，−30~

−25μm 范围内，C 元素和 Si 元素含量不再明显变化，Ca 元素含量仍有降低趋势，在水泥石侧，25~30μm 范围内，C 元素，Ca 元素，Si 元素含量都不再明显变化，可以判断界面过渡区在 −25~25μm 范围内。在 −25~−5μm 范围内，C 元素含量仍较高，可能是因为在热处理过程中橡胶及其热解物向水泥石侧运动而充填了界面处的孔隙并覆盖了此处的水泥水化产物造成的。在 0~25μm 范围内，C 元素含量高于 25~30μm 范围内 C 元素含量，可能是在热处理过程中橡胶及其热解物分子向水泥石基体扩散造成的。

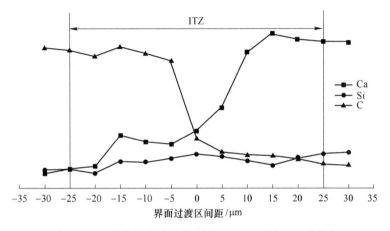

图 5-16　低温热处理后橡胶−水泥石界面过渡区元素分布

5.5　低温热处理对橡胶混凝土性能的影响

由于低温热处理能够改善橡胶−水泥石界面结合，下面研究低温热处理对橡胶混凝土强度的影响。同时对比了更高温度对橡胶混凝土强度性能的影响。为方便起见，下文对不同温度作用统称为热处理。

5.5.1　试验设计

按表 5-1 配制混凝土，分别用 5 目和 100 目橡胶颗粒等体积取代混凝土中的细集料砂子，取代量分别为 0%，10%，20%，30%，5 目和 100 目橡胶颗粒采用相同的取代量，为了与第 4 章橡胶混凝土试样相区别，这里橡胶混凝土试样用 TRC-m-n 编号表示，其中 m 表示橡胶混凝土中橡胶颗粒目数，n 表示橡胶颗粒掺量，空白混凝土试样编号为 TRC0。因此，5 目橡胶混凝土试样编号为 TRC-5-10、TRC-5-20、TRC-5-30，100 目橡胶混凝土试样编号为 TRC-100-10、TRC-100-20、TRC-100-30。每一配比都制备 100mm×100mm×100mm 试样 15 块，在标准条件下带模养护 1 天后脱模，脱模后试样继续在标准条件下养护至 28 天，取出所有试样，将三块存放于实验室自然条件下，作为对比试样，其余试样三块为一组分别进行四种热处理过程。观察热处理后试样表面变化，测试对比试样及热处理后试样抗压强度。为方便起见，实验室自然条件称为室温作用，简写为 R. T，四种热处理过程分别简称为 250℃ （V），250℃，500℃，800℃，其详细作用方法如下所述。

250℃ （V）：在真空烘箱中进行，升温速率为 5℃/min，当温度达到 250℃后，保温 3h，停止加热，保持真空，试样随烘箱一起冷却到室温。

250℃：在马弗炉中进行，空气气氛，升温速率为 5℃/min，当温度达到 250℃后，保温 3h，停止加热，试样随烘箱一起冷却到室温。

500℃：在马弗炉中进行，空气气氛，升温速率 5℃/min，加热到 500℃后保温 1h，停止加热，试样随炉冷却至室温。

800℃：在马弗炉中进行，空气气氛，升温速率 5℃/min，加热到 800℃后停止加热，试样随炉冷却至室温。

表 5-1　橡胶混凝土配合比

掺量/%	水泥 /kg·m⁻³	水 /kg·m⁻³	石子 /kg·m⁻³	砂子 /kg·m⁻³	减水剂 /kg·m⁻³	橡胶 /kg·m⁻³
0	412.5	155	1225.1	631.1	3.5	0
10	412.5	155	1225.1	568.0	3.5	26.20
20	412.5	155	1225.1	504.9	3.5	52.39
30	412.5	155	1225.1	441.8	3.5	78.59

5.5.2　热处理前后试样外观变化

不同热处理橡胶混凝土过程中，试样发生了不同的变化，观察结果如下：

在 250℃（V）热处理过程中，试样没有明显变化，试样表面颜色较热处理前稍显发黄。

在 250℃热处理过程中，200℃左右开始有黑烟产生，一直到热处理过程结束，橡胶颗粒含量越高，黑烟越浓，热处理后试样表面发黄。

在 500℃热处理过程中，当温度升高到 200℃后，有黑烟产生，橡胶颗粒含量越大，黑烟越浓，当温度高于 300℃后，试样 TRC-5-30，TRC-100-30 炉内出现火焰，热处理后试样表面孔洞较作用前明显增多，试样表面颜色更加焦黄，有斑状烟熏色，橡胶颗粒含量越多，黑斑越多，如图 5-17 所示。

800℃热处理过程中发生了和 500℃热处理过程中相同的现象，热处理后试样表面出现粗大裂纹，试样表面烟熏斑颜色变浅，如图 5-18 所示。

图 5-17 500℃作用后试样照片

(a) TRC0；(b) TRC-5-10；(c) TRC-5-20；(d) TRC-5-30；

(e) TRC-100-0；(f) TRC-100-20；(g) TRC-100-30

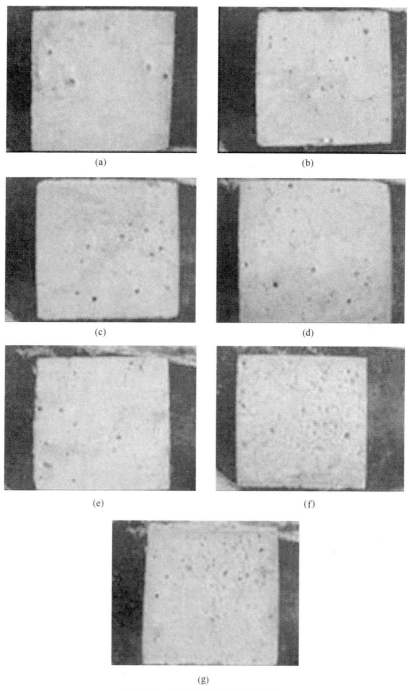

(a)

(b)

(c)

(d)

(e)

(f)

(g)

图 5-18 800℃作用后试样照片

（a）TRC0；（b）TRC-5-10；（c）TRC-5-20；（d）TRC-5-30；

（e）TRC-100-50；（f）TRC-100-20；（g）TRC-100-50

在各热处理条件下，所有试样都没有发生爆裂现象，这可能由于普通混凝土具有较多孔隙，在高温下一般不会发生爆裂现象[114]，橡胶微粒经高温燃烧后进一步为混凝土中水气逸出提供了通道，有利于改善混凝土的抗爆裂性。

5.5.3 热处理对橡胶混凝土抗压强度的影响

热处理对 5 目橡胶混凝土抗压强度的影响如图 5-19 所示，热处理对 100 目橡胶混凝土抗压强度的影响如图 5-20 所示。可以看出，随橡胶颗粒取代砂子量增加，橡胶混凝土强度降低，100 目橡胶混凝土强度的降低速率大于 5 目橡胶混凝土。随作用温度升高，橡胶混凝土强度随掺量降低的速率减小，经 800℃热处理后的 5 目橡胶混凝土强度甚至已经随橡胶颗粒掺量增加而增加。

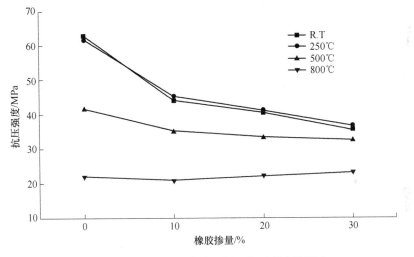

图 5-19　温度对 5 目橡胶混凝土抗压强度的影响

经 250℃作用后，橡胶混凝土的强度与未经作用的试样强度没有明显区别，5 目橡胶混凝土强度稍有增加，100 目橡胶混凝土强度稍有降低。但经 500℃和 800℃作用后，橡胶混凝土的强度都大幅度降低，橡胶含量越大，热处理后强度降低幅度越小。对于空白试样 TRC0，经 500℃和 800℃作用后，其强度与室温试样相比分别下降 44.0% 和 65.2%；对于试样 TRC-5-30，经 500℃和 800℃作用后，其强度与室温试样相比分别下降 8.7% 和 34.9%；对于试样 TRC-100-30，经 500℃和 800℃作用后，其强度与室温试样相比分别下降 30.0% 和 55.0%。

经 250℃（V）作用后，橡胶混凝土的强度变化情况如图 5-21 所示。对于空白试样 TRC0，经 250℃（V）作用后强度与常温强度相比几乎没有变化。对于橡胶混凝土，在相同橡胶掺量下，经 250℃（V）作用后的强度都高于试样常温强度，而且 100 目橡胶混凝土试样强度提高率大于 5 目橡胶混凝土试样强度提高

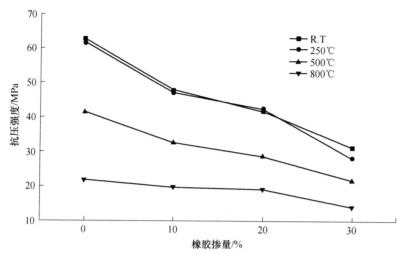

图 5-20   温度对 100 目橡胶混凝土抗压强度的影响

率，试样 TRC-5-10、TRC-5-20、TRC-5-30、TRC-100-10、TRC-100-20、TRC-100-30 强度分别提高 12.5%、3.7%、7.0%、17.2%、20.0%、21.1%。

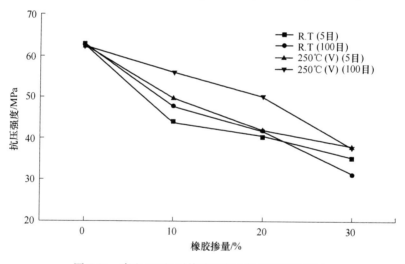

图 5-21   真空 250℃ 对橡胶混凝土抗压强度的影响

5.5.4   低温热处理对橡胶-水泥石界面结合的 SEM 分析

图 5-22 为试样 RC100-10 经 R.T 和 250℃（V）作用后橡胶颗粒-水泥基体界面 SEM 背散射电子图像，室温下，橡胶颗粒与水泥基体界面结合薄弱，存在着较大的孔隙（见图 5-22(a)），而经 250℃（V）作用后橡胶颗粒与水泥基体界面有了明显改善（见图 5-22(b)），界面孔隙减小，发生良好黏结。

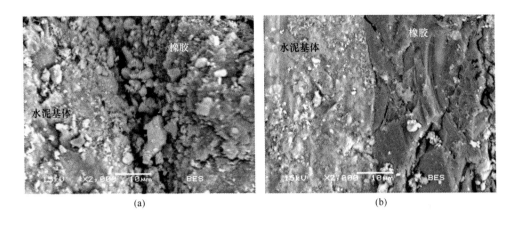

图 5-22　橡胶颗粒-水泥基体界面 SEM 背散射电子图像
(a) R.T; (b) 250℃(V)

5.5.5 热处理对橡胶混凝土性能影响结果分析

陈磊等[77]认为水泥混凝土 300℃之前，结构基本保持稳定，仅有部分水分挥发，强度不会发生明显变化，当温度高于 300℃以后，混凝土本身会发生 C-S-H凝胶脱水分解，Ca(OH)$_2$、CaCO$_3$分解，结构遭到破坏，抗压强度会发生迅速衰减。刘阳生等[73]研究发现，真空条件下，200℃以下橡胶基本不降解；在200~300℃之间，橡胶发生降解且降解产物黏附在玻璃管上，黑而且黏，在300℃以上时，黑黏物消失，降解产物油流动性很好；随着温度升高，油的产量有所提高，但其流动性变化不大。因此，橡胶混凝土中的橡胶颗粒随温度升高会逐步降解，在氧气存在条件下会发生燃烧。

在250℃(V)作用下，根据5.3节试验结果，混凝土本体物相结构没有明显变化，强度也没有明显改变。由于在真空环境中，橡胶混凝土表面的橡胶颗粒首先发生降解，而不会发生燃烧。随着内部温度升高，试样由外向内的橡胶颗粒也会发生降解或部分降解，降解产物在此温度下可以和水泥基体发生良好浸润黏结，改善了橡胶颗粒与水泥基体的界面结合（见图 5-22(b)），降低了橡胶-水泥石界面的孔隙率。所以经 250℃(V)作用的橡胶混凝土试样强度较相同橡胶掺量下的 R.T 试样强度有明显提高。100 目橡胶颗粒较 5 目橡胶颗粒比表面积大，相同条件下更易降解，更有利于改善其与水泥基体的界面结合，所以 100 目橡胶混凝土强度提高比例较 5 目橡胶混凝土大。

在 250℃、500℃和 800℃作用条件下，由于氧气的存在，橡胶混凝土表面橡胶颗粒在200℃后会发生燃烧，由于燃烧不充分而产生黑烟，300℃后，大掺量试样橡胶颗粒剧烈燃烧，产生大量火焰。内部橡胶颗粒由于近似处在无氧真空环境中，高温降解产物会向试样表面扩散，达到表面后发生燃烧。250℃、500℃作用条件下，橡胶颗粒热解产物燃烧不够充分，在试样表面留下了黑色的碳迹。而800℃作用条件下，橡胶颗粒热解产物燃烧比较充分，没有留下黑色碳迹，5目橡胶混凝土只留下了内部橡胶颗粒降解产物扩散到表面的片状油渍痕迹，100目橡胶混凝土表面连油渍也没有留下。这是由于100目橡胶颗粒更容易降解燃烧，在混凝土中留下更多孔洞，橡胶降解产物更易向外扩散甚至在孔洞内燃烧造成的。也正是这个原因，经250℃、500℃和800℃作用后，100目橡胶混凝土强度低于5目橡胶混凝土强度。

利用橡胶颗粒本身初期热解产物对水泥基体良好润湿黏结性来改善二者界面结合，可以将橡胶混凝土抗压抗折强度稳定提高，为克服橡胶混凝土应用的低强度瓶颈，充分发挥其优异性能开辟了一条新的途径。

5.6 热处理对橡胶水泥净浆孔结构的影响

5.6.1 吸水动力学法测孔结构原理

根据水在多孔介质内传输的毛细吸收理论[115]，假设水泥基材料中的毛细孔为直圆柱形，当其在等温条件下产生毛细孔吸附时，浸润介质在圆柱形毛细孔中运动的微分方程可用式（5-1）来表征。

$$\frac{d^2x}{dt^2} + \frac{1}{x}\left(\frac{dx}{dt}\right)^2 + \frac{8\eta}{r\rho}\left(\frac{dx}{dt}\right) - \frac{1}{x}\frac{2\sigma}{r_m\rho} + g\sin\beta = 0 \tag{5-1}$$

式中　　x——毛细孔中液柱长度；

　　　　t——介质沿毛细孔运动的时间；

　　　　r——毛细孔半径；

$\eta，\rho，\sigma$——分别为介质的动力黏度系数、密度和表面张力；

　　　　g——重力加速度；

　　　　r_m——毛细孔中弯液面半径；

　　　　β——毛细孔与水平线的夹角。

陈建中[116]指出可以用式（5-2）所示的指数方程来作为式（5-1）的近似解。式中w_t、w_{max}为时间t时试样的吸水率与试样的最大吸水率，λ值可以用来表征水泥基材料中毛细孔的平均孔径参数，α值可以用来反映水泥基材料中毛细孔孔径的均匀性，对于均匀性不同的体系来说，α值的波动范围为0~1，均匀性愈好，α值愈大，对于单毛细孔材料，$\alpha=1$。

$$w_t = w_{max}(1 - e^{-\lambda t^\alpha}) \tag{5-2}$$

对式（5-2）两边取自然对数并变形后可得式（5-3）。

$$\ln\frac{w_t}{w_{max}} = \ln\lambda + \alpha\ln t \tag{5-3}$$

用 $\ln(w_t/w_{max})$ 对 $\ln t$ 作图，可以得一条直线，直线的截距为 $\ln\lambda$，斜率为 $\ln t$。对于水泥基材料，通常可以用 $t=1$ 时的 w_t 和 w_{max} 值计算出 λ 值，而将 λ 值和不同的 w_t 值代入式（5-3），利用最小二乘法求出 α 值。

本试验中，试样在 16h 后吸水率达到稳定，所以以试样 16h 时的吸水率作为 w_{max}，用 1h 时的吸水率来求平均孔径参数 λ 值，用最小二乘法求孔径均匀性参数 α 值。

5.6.2 试验设计

水泥净浆试样（用 CP 表示）制备方法：将水泥、水按质量比 100∶40 混合搅拌均匀，用聚丙烯塑料管作为模具制备 $\phi1.5cm\times2cm$ 的水泥净浆圆柱试样，在标准养护箱中养护 24h 后脱模，继续在标准养护箱中养护 28 天后取出进行下一步处理。共制备 5 组水泥净浆试样，每组 3 个试样，对 5 组试样分别采用不同的温度在真空条件下进行处理，冷却到室温后进行吸水率测试试验。第 1 组试样在 20℃保温 1.5h，第 2 组试样加热到 100℃保温 1.5h，第 3 组试样加热到 150℃保温 1.5h，第 4 组试样加热到 200℃保温 1.5h，第 5 组试样加热到 250℃保温 1.5h。

橡胶水泥净浆试样（用 RCP 表示）制备方法：将水泥、水、20 目橡胶颗粒按质量比 97∶40∶3 混合搅拌均匀，用聚丙烯塑料管作为模具制备 $\phi1.5cm\times2cm$ 的橡胶水泥净浆圆柱试样，在标准养护箱中养护 24h 后脱模，继续在标准养护箱中养护 28 天后取出进行下一步处理。共制备 5 组橡胶水泥净浆试样，每组 3 个试样，对 5 组试样分别采用不同的温度在真空条件下进行处理，冷却到室温后进行吸水率测试试验。第 1 组试样在 20℃保温 1.5h，第 2 组试样加热到 100℃保温 1.5h，第 3 组试样加热到 150℃保温 1.5h，第 4 组试样加热到 200℃保温 1.5h，第 5 组试样加热到 250℃保温 1.5h。

吸水测试试验具体操作方法如下：

（1）试样经保温烘干后测量其质量 m_{01}（精确度 0.001g）。

（2）取一个小烧杯放入水浴锅内加热到 80~85℃，投入适量石蜡，待石蜡熔化后用石蜡液体对原柱试样两端进行密封。

（3）测量两端横截面用石蜡密封过的试样的质量 m_{02}（精确到 0.001g）。

（4）调节水浴锅温度到 25℃，待温度恒定后用温度计测量水温，确定水温在 25℃±3℃范围内。

（5）水温稳定后快速放入试样，分别测量在水中浸泡 0.5h、1h、12h、16h 时的试样质量 m_t（$m_{0.5}$，$m_{1.0}$，m_{12}，m_{16}）。测量 0.5h、1h 的试样质量时时间精确到 1min 内，测量试样质量时快速取出需要测量的试样，用湿布（水中浸泡取出后去除多余的水，保证湿布不会自然滴水）擦去试样多余的水（试样侧面保证没有明显的水膜，两端石蜡不能留有水珠）。

以上每组试样的测试质量都取 3 个试样的平均值，分别将 $m_{0.5}$，$m_{1.0}$，m_{12}，m_{16} 代入式（5-4）计算试样吸水 0.5h、1h、12h、16h 时的吸水率 $w_{0.5}$，$w_{1.0}$，w_{12}，w_{16}：

$$w_t = \frac{m_t - m_{02}}{m_{01}} \tag{5-4}$$

5.6.3　试验结果及分析

水泥净浆 CP 和橡胶水泥净浆 RCP 试样各组吸水量测试结果见表 5-2。将试样吸水 1h 时吸水率值 w_t 代入式（5-2）计平均孔径参数 λ，用求得的 λ 值和不同时间的吸水率值采用最小二乘法求孔径均匀性参数 α。

表 5-2　CP 和 RCP 试样吸水量及吸水率

处理温度 /℃	CP									
	m_{01}/g	m_{02}/g	$m_{0.5}$/g	$w_{0.5}$/%	$m_{1.0}$/g	$w_{1.0}$/%	m_{12}/g	w_{12}/%	m_{16}/g	w_{16}/%
20	26.256	26.554	26.601	0.1790	26.618	0.2438	26.676	0.4647	26.697	0.5446
100	24.083	25.215	26.410	4.9620	26.503	5.3482	26.670	6.0416	26.798	6.5731
150	23.721	24.059	26.273	9.3335	26.681	11.0535	27.003	12.4109	27.021	12.4868
200	21.569	22.070	23.976	8.8368	24.366	10.6449	25.336	15.1421	25.418	15.5222
250	20.349	20.659	23.302	12.9884	23.515	14.0351	24.368	18.2270	24.454	18.6496

处理温度 /℃	RCP									
	m_{01}/g	m_{02}/g	$m_{0.5}$/g	$w_{0.5}$/%	$m_{1.0}$/g	$w_{1.0}$/%	m_{12}/g	w_{12}/%	m_{16}/g	w_{16}/%
20	23.919	24.242	24.315	0.3052	24.326	0.3512	24.39	0.6188	24.405	0.6815
100	22.343	22.743	23.335	2.6496	23.394	2.9237	23.815	4.7979	23.832	4.8740
150	21.095	21.446	22.806	6.4470	23.346	9.007	23.972	11.9744	24.001	12.1119
200	18.893	19.224	19.840	3.2605	20.123	4.7584	21.292	10.9459	21.442	11.7398
250	19.049	19.395	19.670	1.444	19.741	1.8164	20.588	6.2628	20.782	7.2812

试样的最大吸水率 w_{max} 随处理温度的变化如图 5-23 所示，可以看出，随着处理温度升高，CP 试样的最大吸水率逐渐增加，这是因为水泥石受热时自由水、

部分结合力较弱的结晶水和结合水会脱除和挥发（见图 5-8），当受热后的水泥石重新浸泡在水中时，会重新吸收这部分水分。温度越高，试样受热时脱除的水分越多，重新吸水时的吸水率越大。

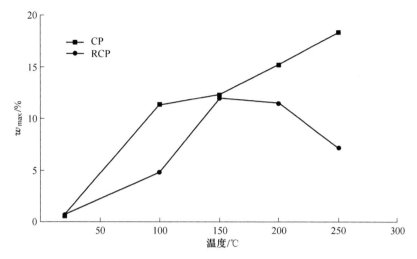

图 5-23　CP 和 RCP 最大吸水率随温度的变化

随着处理温度升高，RCP 试样的最大吸水率在 150℃ 前逐渐增加，其后逐渐减小。RCP 试样受热吸水率变化是橡胶颗粒和水泥石受热变化共同影响的结果，水泥石受热吸水率一直增加，而当橡胶颗粒受热时，橡胶颗粒中的小分子助剂会从橡胶颗粒中挥发出来，沿水泥石毛细孔中扩散并吸附在毛细孔表面，使水泥石毛细孔表面转变为憎水性，会阻止水分进入这些吸附了橡胶挥发物的毛细孔，可以降低 RCP 试样的吸水率。当受热温度低于 150℃ 前，橡胶颗粒挥发物挥发的较少，吸水率整体表现为随温度增加趋势，当温度达到 200℃ 或 250℃ 时，橡胶颗粒挥发物将较多的水泥石毛细孔转变为憎水性毛细孔，吸水率转变为减小趋势，而且在 250℃ 时，橡胶颗粒已经发生了一定程度的膨胀与降解，与水泥基体间发生黏结，橡胶-水泥石界面处的孔隙被充填，进一步降低了试样吸水率。

根据以上分析，加热条件下橡胶颗粒的存在都有利于水泥石孔隙率的降低，所以试验条件下，RCP 试样的最大吸水率小于相同条件下 CP 试样的最大吸水率。

试样的平均孔径参数 λ 随处理温度的变化如图 5-24 所示，可以看出，随着处理温度的增加，试样 CP 和试样 RCP 的平均孔径参数 λ 值在 150 前都逐渐增加，其后都逐渐减小。

经加热处理的橡胶水泥净浆试样 RCP 平均孔径参数小于相同处理温度下的水泥净浆试样 CP 的平均孔径参数。这主要是因为橡胶颗粒受热后，其释放的小分子挥发物首先沿阻力较小的大孔径毛细孔扩散，因此水泥石中的大孔径毛细孔表面就会转变为憎水性表面，阻止了水分在其中的传输与吸附，从而减小了大孔径毛细孔的量。

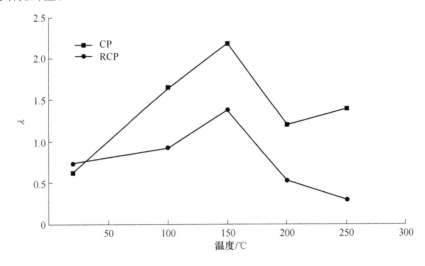

图 5-24　CP 和 RCP 的平均孔径参数 λ 随温度的变化

　　试样的孔径均匀性参数 α 随处理温度的变化如图 5-25 所示，可以看出，随着处理温度的增加，试样 CP 的孔径均匀性参数 α 值有较大波动。而试样 RCP 的孔径均匀性参数 α 值随温度的升高逐渐变大，说明孔径更加均匀。这主要是因为试样 RCP 中的大孔径毛细孔数量减少毛细孔向小孔径毛细孔集中造成的。

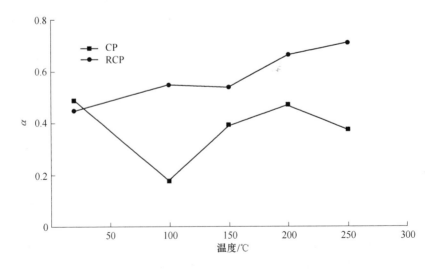

图 5-25　CP 和 RCP 孔径均匀性参数 α 随温度的变化

5.7 低温热处理对橡胶砂浆抗硫酸盐侵蚀性的影响

5.7.1 试验设计

将砂子、水泥、20 目橡胶颗粒按表 5-3 所示的配比在 HJW-60 型单卧轴搅拌机中先干拌 120s，再加入水，搅拌 240s。将拌和物在 40mm×40mm×160mm 的钢模中成型，在标准养护箱中养护 24h 后脱模，放入 20℃水中继续养护 28 天，取出进行抗硫酸盐侵蚀试验。每个配比各制备 9 条试样，将 9 条试样分成三组，每组 3 条试样，第 1 组试样在水中继续养护，第 2 组直接进行硫酸盐侵蚀试验，第 3 组首先在真空烘箱中进行真空加热处理，加热温度 250℃，保温 1.5h，然后进行硫酸盐侵蚀试验。第 1 组试样编号为 RM-20-n(W)，第 2 组试样编号为 RM-20-n(S)，第 2 组试样编号为 TRM-20-n(S)，其中 n 代表橡胶颗粒等体积取代砂子量，分别为 5%，10%，15%，30%。空白试样编号分别为 RM0(W)，RM0(S)，TRM0(S)。

为了加快硫酸盐侵蚀速度，参考文献 [117] 所述方法，采用浸烘循环条件下的硫酸盐侵蚀方法。具体操作方法如下：

将试样放入质量浓度为 5% 硫酸镁溶液中浸泡，每浸泡 16h 后拿出来在 80℃的烘箱中烘干 8h，完成一次浸烘循环，然后进行下一次浸烘循环，在下一次浸烘循环前用稀硫酸将浸泡用的硫酸镁溶液滴定至中性，每循环 5 次换一次硫酸镁溶液，如此 20 次浸烘循环后停止循环，将试样浸泡在硫酸镁溶液中静置 20 天，然后继续以上浸烘循环 20 次。

第 2 组、第 3 组试样进行以上硫酸盐侵蚀试验，其间第 1 组试样一直浸泡在水中养护。完成以上硫酸盐侵蚀试验后，将 3 组试样都取出擦干，分别测试抗折抗压强度。

表 5-3 橡胶砂浆配合比设计

橡胶掺量/%	水泥/g	砂子/g	水/g	橡胶/g
0	450±2	1350±5	225±1	0
5	450±2	1283±5	225±1	15±0.1
10	450±2	1215±5	225±1	30±0.1
15	450±2	1168±5	225±1	45±0.1
30	450±2	945±5	225±1	90±0.1

5.7.2 试验结果

3 组试样抗折强度试验结果如图 5-26 所示，可以看出，对于空白试样，经硫酸盐侵蚀后强度有明显下降，RM0(S) 和 TRM0(S) 的抗折强度分别比 RM0(W) 降低了 16.0%和 11.8%。

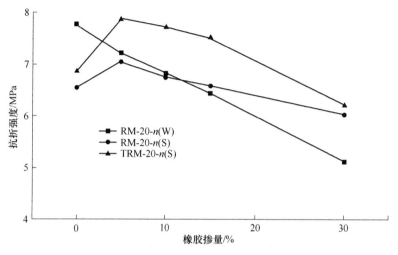

图 5-26   硫酸盐侵蚀对橡胶砂浆抗折强度的影响

对于在水中养护的试样 RM-20-n(W)，随橡胶颗粒掺量的增加，橡胶砂浆强度近似呈线性降低。

对于硫酸盐侵蚀的试样 RM-20-n(S)，随橡胶颗粒掺量的增加，抗折强度先增加后降低，5%掺量时橡胶砂浆抗折强度最高，比空白试样 RM0(S) 提高了 7.8%，而且在橡胶颗粒掺量大于 15%之前，试样抗折强度都大于空白试样 RM0(S)。与水中养护的橡胶砂浆试样 RM-20-n(W) 相比，经硫酸盐侵蚀的试样 RM-20-15(S) 和 RM-20-n(S) 的抗折强度分别大于相应的水中养护试样 RM-20-15(W) 和 RM-20-30(W) 的抗折强度。

对于硫酸盐侵蚀的真空加热试样 TRM-20-n(S)，随橡胶颗粒掺量的增加，抗折强度也是先增加后降低，5%掺量时橡胶砂浆抗折强度最高，达到了 7.87MPa，比空白试样 TRM0(S) 提高了 14.9%，甚至高于水中养护空白试样 RM0(W) 的抗折强度（7.77MPa）。同样在橡胶颗粒掺量大于 15%之前，试样抗折强度都大于空白试样 TRM0(S)。经硫酸盐侵蚀的真空加热试样 TRM-20-n(S) 的抗折强度都大于水中养护试样 RM-20-n(W) 和硫酸盐侵蚀试样 RM-20-n(S) 的抗折强度。

3 组试样抗压强度试验结果如图 5-27 所示，可以看出，对于空白试样，经硫酸盐侵蚀后强度有明显下降，RM0(S) 和 TRM0(S) 的抗压强度分别比 RM0(W) 降低了 11.5% 和 10.6%。

对于在水中养护的试样 RM-20-n(W)，随橡胶颗粒掺量的增加，橡胶砂浆强度近似呈线性降低。

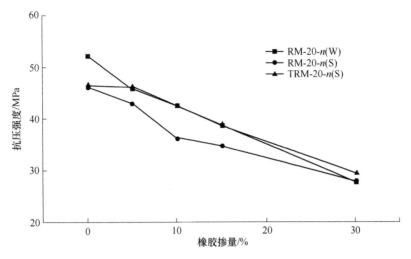

图 5-27 硫酸盐侵蚀对橡胶砂浆抗压强度的影响

对于硫酸盐侵蚀的试样 RM-20-n(S)，随橡胶颗粒掺量的增加，抗压强度也逐渐降低，但降低速率与水中养护的橡胶砂浆试样相比有所减小。当橡胶颗粒掺量达到 30% 时，经硫酸盐侵蚀试样 RM-20-30n(S) 的抗压强度大于相应的水中养护试样 RM-20-30(W) 的抗压强度。

对于硫酸盐侵蚀的真空加热试样 TRM-20-n(S)，随橡胶颗粒掺量的增加，抗压强度也逐渐降低，但降低速率与水中养护的橡胶砂浆试样相比有所减小。试样 TRM-20-5(S)，TRM-20-10(S)，TRM-20-15(S) 的抗压强度与试样 RM-20-5(S)，RM-20-10(S)，RM-20-15(S) 相比都有所提高，与试样 RM-20-5(W)，RM-20-10(W)，RM-20-15(W) 的抗压强度近似相同。当橡胶颗粒掺量达到 30% 时，经硫酸盐侵蚀的真空加热试样 TRM-20-30n(S) 的抗压强度大于相应的水中养护试样 RM-20-30(W) 的抗压强度。

5.7.3 试验结果分析

硫酸镁对混凝土的侵蚀机理是：当硫酸镁溶于水后，形成的 Mg^{2+} 和 SO_4^{2-} 离子可以通过混凝土内部的毛细孔进入其内部，与混凝土组分发生反应而破坏混凝土的结构，影响混凝土的性能。

Mg^{2+} 离子和 SO_4^{2-} 离子都可以与混凝土中的 $Ca(OH)_2$ 发生化学反应，生成

$Mg(OH)_2$ 和 $CaSO_4$，由于 $Mg(OH)_2$ 溶解度较低，导致水泥石中 C-S-H 凝胶所处的环境 pH 值小于 11，造成 C-S-H 凝胶分解，生成黏结性很差，且强度不高的 M-S-H 凝胶，降低混凝土的强度。另外 SO_4^{2-} 离子还可以与混凝土组分反应生成钙矾石（$3CaO \cdot Al_2O_3 \cdot 3CaSO_4 \cdot 32H_2O$），在毛细孔中发生体积膨胀，达到一定程度可以破坏混凝土结构，造成混凝土强度丧失。其反应方程如式（5-5）～式（5-7）所示：

$$MgSO_4 + Ca(OH)_2 + 2H_2O \longrightarrow CaSO_4 \cdot 2H_2O + Mg(OH)_2 \tag{5-5}$$

$$C\text{-}S\text{-}H + MgSO_4 + 5H_2O \longrightarrow Mg(OH)_2 + CaSO_4 \cdot 2H_2O +$$
$$2H_2SiO_4 \longrightarrow M\text{-}S\text{-}H + CaSO_4 \cdot 2H_2O \tag{5-6}$$

$$4CaO \cdot Al_2O_3 \cdot 13H_2O + 3MgSO_4 + 2Ca(OH)_2 \longrightarrow 3CaO \cdot Al_2O_3 \cdot$$
$$3CaSO_4 \cdot 32H_2O + 3Mg(OH)_2 \tag{5-7}$$

因此，提高混凝土抗硫酸镁溶液侵蚀能力可以从降低离子向混凝土内部扩散和提高混凝土内部抵抗钙矾石生长膨胀力两方面进行。

从 4.5 节橡胶砂浆抗渗性试验可知，当橡胶颗粒掺量较低时，橡胶砂浆抗渗性有良好改善。而且因橡胶颗粒本身可以吸收更多的膨胀能量，释放更大的膨胀内应力，较普通砂浆试件晚一些出现裂缝，推迟了破坏时间[117]，从而能够经受更多的浸烘循环，具有更好的抗硫酸盐侵蚀性。

在硫酸镁溶液侵蚀初期，Mg^{2+} 离子和 SO_4^{2-} 离子进入到砂浆试件的孔隙中，生成的不溶物质填充了孔隙，可以提高砂浆的强度，但侵蚀时间过长时，试件内部孔隙逐步被难溶性物质充满，生成物体积膨胀造成了砂浆试件的破坏。

橡胶砂浆试样经硫酸盐侵蚀后抗折强度与空白试样相比有所提高，抗压强度降低速率减缓，可能是因为橡胶颗粒减缓了 Mg^{2+} 离子和 SO_4^{2-} 离子向砂浆内部的扩散速率，C-S-H 凝胶侵蚀被削弱，而且橡胶砂浆孔隙中钙矾石等沉淀物起到了充填密实作用。

橡胶砂浆经真空 250℃作用后，橡胶-水泥石界面因橡胶颗粒的降解黏结而得到了改善，提高了橡胶砂浆的抗折抗压强度，同时根据 5.5 节分析，橡胶颗粒中的小分子助剂会挥发扩散在橡胶砂浆中的毛细孔中，使毛细孔成为憎水性孔，进一步减缓了 Mg^{2+} 离子和 SO_4^{2-} 离子在砂浆孔隙中的扩散，提高了橡胶砂浆的抗硫酸盐侵蚀能力。所以真空 250℃作用后的橡胶砂浆表现出了更优异的抗硫酸盐侵蚀性。

5.8 本章小结

（1）在真空 250℃热处理条件下，橡胶颗粒中的小分子助剂会挥发脱除，橡胶分子运动性增强，橡胶颗粒会发生相互黏结。

（2）在 250℃热处理条件下，水泥石中的自由水和结合较弱的结晶水发生脱除，钙矾石会发生分解，但水泥石中的主要矿物结构没有发生变化。

（3）经真空 250℃ 热处理后，橡胶–水泥石界面过渡区孔隙被橡胶颗粒及其热解产物充填，界面变得模糊，界面过渡区厚度与未经热处理界面相比有所减小。

（4）与室温下的橡胶混凝土抗压强度相比，在空气气氛中经 250℃ 热处理后抗压强度没有明显变化，而经 500℃ 和 800℃ 热处理后，抗压强度都有明显降低，而且 100 目橡胶混凝土抗压强度降低率大于 5 目橡胶混凝土；在真空条件下经 250℃ 热处理后，橡胶混凝土外观没有明显变化，而抗压强度有明显提高，而且 100 目橡胶混凝土抗压强度提高率大于 5 目橡胶混凝土；SEM 观察说明经真空 250℃ 作用后，橡胶颗粒与水泥基体界面结合得到了改善。

（5）水泥净浆和橡胶水泥净浆试样经真空低温热处理后，通过吸水动力学法测得的最大吸水率、平均孔径参数以及孔径均匀性参数随作用温度的变化规律为：在 20~250℃ 之间，水泥净浆最大吸水率随温度升高逐渐增加，橡胶水泥净浆最大吸水率在 150℃ 之前随温度升高而增加，150℃ 之后随温度升高而降低；水泥净浆与橡胶水泥净浆的平均孔径参数都在 150℃ 之前随温度升高而增加，150℃ 之后随温度升高而降低，而且橡胶水泥净浆的平均孔径参数都小于水泥净浆的平均孔径参数；橡胶水泥净浆孔径均匀性参数随温度升高而增加，说明橡胶水泥净浆孔径随温度升高而变得均匀。

（6）橡胶颗粒的掺入可以改善橡胶砂浆的抗硫酸镁溶液侵蚀性，经真空 250℃ 加热处理后，橡胶砂浆的抗硫酸镁溶液侵蚀性得到了更大的改善。

6 橡胶砂浆的耐久性能试验

抗氯离子侵蚀能力是评价砂浆耐久性的一个重要性能。橡胶砂浆的抗冻融性能，是在低于冰点的温度下，水泥基材料内部的水结冰而引起体积膨胀，应力达到砂浆内部所能承受的极限时，会导致砂浆结构的破坏。而碳化则是指水泥组分中的碱性成分与扩散进入砂浆内部的二氧化碳（CO_2）等酸性气体发生一系列化学反应而使砂浆内部结构产生破坏。

本章通过对普通砂浆（OM）、橡胶砂浆（RM）进行了氯离子渗透系数、冻融性能和碳化性能进行测试并对结果进行了分析。

6.1 氯离子渗透系数测试

氯离子进入砂浆内部是扩散和毛细管力共同作用的结果。影响氯离子进入砂浆的因素有很多，如水泥基材料的组成、内部孔隙结构等。评价氯离子传输特性的方法有很多，本试验采用的是快速氯离子迁移系数法（RCM 法）对橡胶砂浆的氯离子渗透系数进行测试。

6.1.1 试验方法

养护 28 天后，取标准试件尺寸为 $\phi100mm \times 50mm$，在真空饱水仪中用氢氧化钙溶液真空饱水处理，24h 后取出，用吹风机吹干，将试件装入橡胶筒中使试块底部与橡胶筒底面平行，并用环箍螺丝上下拧紧、固定，将试件与橡胶筒接触部分用石蜡密封，保证氯离子的单向传输。本试验使用的氯离子扩散系数测定仪为北京数智意隆仪器有限公司生产的，型号为 RCM-6D，主要技术参数见表 6-1。按照仪器说明加载电压。

试验结束后将试件从橡胶筒移出后，在压力机上劈成两半，在劈开的试件表面立即喷涂显色指示剂（0.1mol/L $AgNO_3$ 溶液），15min 后观察白色氯化银沉淀。如图 6-1 选择取点，测量高度取其平均值。试验测得的氯离子扩散系数按式（6-1）计算：

$$D_{RCM,0} = 2.872 \times 10^{-6} \frac{Th(x_d - \alpha\sqrt{x_d})}{t} \tag{6-1}$$

$$\alpha = 3.338 \times 10^{-3} \sqrt{Th}$$

式中　$D_{RCM,0}$——RCM 法测定的氯离子扩散系数，m^2/s；

T——温度，K；

h——试件高度，m；

x_d——氯离子扩散深度，m；

t——通电试验时间，s；

α——辅助变量。

表 6-1 主要技术参数

项　　目	参　　数	项　　目	参　　数
外部输入电压	220V，50Hz	输入电压波动范围	±10%
测试通道	1～6	最大输出功率	300W
测试电压	0～60V（DC current）	电压精度	±0.12W
电流测试范围	0～500mA	电流精度	0.1mA
温度试验范围	0～100℃	温度精度	0.1℃

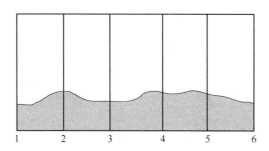

图 6-1 显色线取点位置编号

6.1.2 试验结果及分析

表 6-2 所示为橡胶砂浆的氯离子扩散系数。可以看出，橡胶的掺入，明显降低了砂浆的氯离子迁移系数，这说明，橡胶的掺入，在一定程度上降低了砂浆的渗透性。60 目（0.2～0.3mm）橡胶砂浆的氯离子渗透系数小于 26 目（0.6～0.7mm）橡胶砂浆的。橡胶砂浆的氯离子扩散系数随着水灰比的增大而增大。

将表 6-2 中的数据绘制图 6-2(a)～(c)。水灰比 0.4 时，掺入 26 目橡胶的砂浆在掺量为 5% 时的氯离子扩散系数比普通砂浆的大 0.3% 左右；随着掺量的增大，橡胶砂浆的氯离子扩散系数都降低了；掺入 26 目橡胶时，不论掺量的多少，橡胶砂浆的氯离子扩散系数都小于普通砂浆。水灰比 0.5 时，掺入 10% 的 26 目橡胶砂浆的氯离子扩散系数大于橡胶掺量 5% 的；掺入 20% 的 60 目的橡胶砂浆的氯离子扩散系数与普通砂浆相比，降低了 30.8% 左右。水灰比为 0.6 时，不论掺入的橡胶粒径的大小，砂浆的氯离子扩散系数都随掺量的增多而降低。

表 6-2　橡胶砂浆的氯离子扩散系数

项目	不同水灰比	橡胶粒径（目）	橡胶掺量/%				
			0	5	10	15	20
氯离子渗透系数 /×10⁻¹² m²·s⁻¹	0.4	26	11.5958	11.6336	10.3255	9.1268	8.9400
		60		8.3504	8.0959	7.8628	7.0275
	0.5	26	12.0622	11.0395	11.0622	10.5363	9.6726
		60		9.3477	8.0282	7.8831	7.7129
	0.6	26	13.2071	12.2300	11.8674	11.1138	10.3152
		60		11.0638	10.5598	9.5016	9.1318

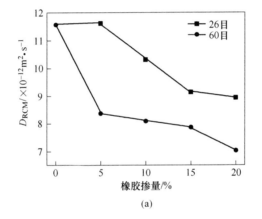

(a)

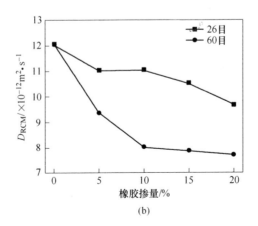

(b)

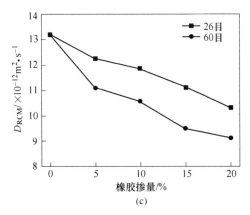

图 6-2　不同水灰比橡胶砂浆氯离子渗透系数

（a）水灰比为 0.4；（b）水灰比为 0.5；（c）水灰比为 0.6

　　在氯离子渗透过程中，属于高分子材料的橡胶具有一定的疏水性，增大了水分的渗透阻力。水泥和橡胶颗粒两种组分在拌和时不发生化学反应，因此橡胶在砂浆的内部会对其界面产生影响。同时，掺入橡胶粒径越小，橡胶表面的平整性越好，导致其比表面积增大，在一定程度上的填充效果越好。橡胶的掺量相同时，60 目橡胶砂浆的性能优于 26 目橡胶砂浆的。橡胶的掺入，可以降低砂浆的氯离子渗透系数，在一定程度上降低了砂浆的渗透性。

　　在研究橡胶砂浆氯离子渗透系数的同时，探究了加热处理对橡胶砂浆氯离子渗透系数的影响规律。将养护至 28d 的砂浆试样（掺有 26 目橡胶颗粒）在真空中加热至 200℃并保温 3h，取出试样后冷却至室温，进行氯离子渗透系数测定。

　　从表 6-3 和图 6-3（a）~（c）可以看出，通过加热处理后试件的氯离子渗透系数较未加热的橡胶砂浆的氯离子渗透系数都降低了。说明经过加热处理的橡胶砂浆渗透性降低了。从图 6-3（a）中，当水灰比为 0.4 时，只有在橡胶掺量为 5%时的渗透系数略大于未加热的，其他掺量下，经过加热处理后的橡胶砂浆氯离子渗透系数都小于未经过处理的；从图 6-3（b）中，当水灰比为 0.5 时，经过加热处理，普通砂浆和掺量为 5%橡胶砂浆的氯离子渗透系数略大于未经过处理的，在橡胶掺量大于 10%时，热处理过后的橡胶砂浆的氯离子渗透系数都小于未经过处理的；从图 6-3（c）中，当水灰比为 0.6 时，经过加热处理的普通砂浆的氯离子渗透系数较未处理的增大了 13.3%左右，而掺入橡胶颗粒后，并随着掺量的增大，经过加热处理后的砂浆的氯离子渗透系数都小于未经过热处理的。因此，对橡胶砂浆进行热处理后，提高了砂浆的抗氯离子渗透性能。

表 6-3　橡胶砂浆加热处理后的氯离子扩散系数

项目	橡胶粒径	不同水灰比	加热处理	橡胶掺量/%				
				0	5	10	15	20
D_{RCM} /×10⁻¹² m² · s⁻¹）	26	0.4	加热前	11.5958	11.6336	10.3255	9.1268	5.9400
			加热后	11.5877	11.7894	9.4251	8.2389	6.7854
		0.5	加热前	12.0622	11.0395	11.0622	10.5363	9.6726
			加热后	12.0989	11.6874	10.8375	10.1769	8.2389
		0.6	加热前	13.2071	12.2300	11.8674	11.1138	10.3152
			加热后	14.2563	12.0989	10.1493	10.1478	9.1465

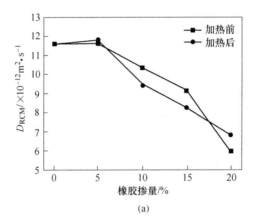

(a)

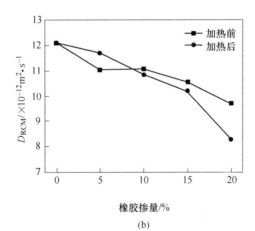

(b)

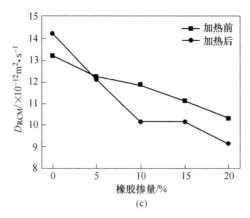

图 6-3　橡胶砂浆加热前后氯离子渗透系数

（a）水灰比为 0.4；（b）水灰比为 0.5；（c）水灰比为 0.6

6.2　抗冻融性能测试

6.2.1　试验方法

　　试件在养护 28d 时进行抗冻性试验。试验前将试件从养护室中取出，放入 15~20℃ 水中浸泡，浸泡时水面应没过试件顶部 20mm 左右，浸泡 4h 后进行冻融试验。浸泡完成后，用湿布擦去试件表面的水分，并称重，放入冷冻箱内（-15~-20℃）开始试验，冻结时间不应小于 4h。结束后，取件并立即放入水温保持在 15~20℃ 的养护池中进行融化。养护池中的水面要没过试件表面 20mm，试件在水中融化时间不应小于 4h。融化完毕即为该次冻融循环结束，取件送入冷冻箱进行下一次循环实验。每进行 25 次冻融循环，要对试件进行称重，如试件的平均失重率超过 5%，即可停止其冻融循环实验。达到 200 次循环时，称重后进行抗压强度试验。

　　冻融循环结束后，应按式（6-2）进行强度损失计算，精确至 0.1MPa：

$$\Delta f_c = \frac{f_{c_0} - f_{c_n}}{f_{c_0}} \times 100\% \tag{6-2}$$

式中　Δf_c——n 次冻融循环后砂浆强度损失率，%；

　　　f_{c_0}——对比试件的抗压强度平均值，MPa；

　　　f_{c_n}——n 次冻融后试件抗压强度平均值，MPa。

　　质量损失率按式（6-3）进行计算：

$$\Delta W_c = \frac{G_0 - G_n}{G_0} \times 100\% \tag{6-3}$$

式中　ΔW_c——n 次冻融循环后砂浆质量损失率,%;

　　　　G_0——冻融循环试验前的试件质量，g；

　　　　G_n——n 次冻融循环后的试件质量，g。

6.2.2　试验结果及分析

如表6-4所示，橡胶砂浆经过 200 次冻融循环后的质量损失率大致呈现先下降后上升，然后再下降的趋势。在冻融循环过程中，随着橡胶掺量的增大，试件表面剥落程度越来越严重，但是其质量损失率并没有很大，并没有超过未掺有橡胶颗粒的普通砂浆。

表 6-4　橡胶砂浆 200 次冻融循环后质量损失率　　　　　　（%）

编号	冻融循环次数	0	25	50	75	100	125	150	175	200
0.4	OM	0	-0.098	-0.37	-0.35	-0.39	-0.097	0.096	0.31	0.58
	RM-26-5%	0	-0.47	-0.16	-0.14	-0.13	0.11	0.54	0.36	0.17
	RM-26-10%	0	0.005	0.068	0.074	0.089	0.14	0.24	0.32	0.36
	RM-26-15%	0	-0.35	-0.12	-0.098	0.056	0.084	0.34	0.32	0.42
	RM-26-20%	0	-0.66	-0.38	-0.45	-0.21	0.22	0.31	0.28	0.32
	RM-60-5%	0	-0.12	-0.32	-0.15	0.10	0.14	0.47	0.22	0.12
	RM-60-10%	0	-0.48	-0.20	-0.13	0.21	0.32	0.34	0.41	0.22
	RM-60-15%	0	-0.36	-0.14	-0.21	-0.094	0.15	0.26	0.34	0.26
	RM-60-20%	0	-0.33	-0.27	-0.29	-0.096	0.23	0.44	0.22	0.18
0.5	OM	0	-0.12	-0.14	-0.15	0.13	0.14	0.47	0.10	0.11
	RM-26-5%	0	-0.26	-0.27	-0.21	-0.18	0.22	0.17	0.34	0.14
	RM-26-10%	0	-0.13	-0.26	-0.14	-0.17	0.16	0.36	0.23	0.14
	RM-26-15%	0	-0.18	-0.16	-0.19	-0.18	0.19	0.48	0.49	0.25
	RM-26-20%	0	-0.01	-0.02	0.18	0.26	0.12	0.16	0.11	0.10
	RM-60-5%	0	-0.15	-0.27	-0.13	0.16	0.14	0.10	0.25	0.13

续表 6-4

编号 \ 冻融循环次数		0	25	50	75	100	125	150	175	200
0.5	RM-60-10%	0	−0.12	−0.13	−0.08	−0.11	0.12	0.57	0.43	0.29
	RM-60-15%	0	−0.09	−0.13	−0.08	0.13	0.11	0.51	0.37	0.33
	RM-60-20%	0	−0.07	−0.15	−0.09	0.07	0.09	0.35	0.41	0.13
0.6	OM	0	−0.07	0.36	0.33	0.36	0.39	0.48	0.62	0.23
	RM-26-5%	0	−0.14	0.18	0.44	0.54	0.37	0.50	0.35	0.16
	RM-26-10%	0	0.03	0.12	0.10	0.33	0.40	0.58	0.39	0.24
	RM-26-15%	0	−0.45	0.18	0.13	0.45	0.55	0.52	0.39	0.27
	RM-26-20%	0	−0.10	0.11	0.23	0.25	0.23	0.39	0.15	0.15
	RM-60-5%	0	−0.51	−0.06	0.13	0.10	0.09	0.40	0.46	0.30
	RM-60-10%	0	−0.07	0.22	0.30	0.32	0.54	0.58	0.38	0.34
	RM-60-15%	0	−0.36	0.08	0.22	0.40	0.50	0.56	0.40	0.23
	RM-60-20%	0	−0.12	0.21	0.13	0.26	0.47	0.39	0.35	0.22

注：负值表示试件质量增大。

　　试验前期，冻融循环次数较少时，橡胶砂浆试件内部的裂纹也较少，试件表面有轻微的脱落。砂浆内部本身就有少量的孔隙，冻融循环过程中的水分进入试件内部，导致试件的质量增加。随着冻融循环次数的增加，试件内部由于应力的存在，会产生大量裂纹，水分由裂纹进入试件内部，导致试件的质量仍在增大。从表 6-4 中也可以看出，当冻融循环次数在 0~75 次之间时，橡胶砂浆的质量是增大的。在冻融循环次数大于 100 次后，试件表面大面积剥落，造成试件的质量有所损失。

　　在冻融循环 200 次后，砂浆试件的质量变化量很小，最大也没有超过 1%。试件虽然出现一定程度的剥落，但质量并没有很大的损失。因此在一定程度上，质量的损失率不能完全反映试件表面的剥落情况。

　　水灰比 0.4 时，橡胶砂浆的质量损失率如图 6-4 所示。随着冻融循环次数的增加，质量损失率先为负数，基本上在冻融循环达到 100 次后，质量损失率成正值，并呈现先增大后减小的趋势。但普通砂浆的质量损失率是随着冻融循环次数的增加而增大的。

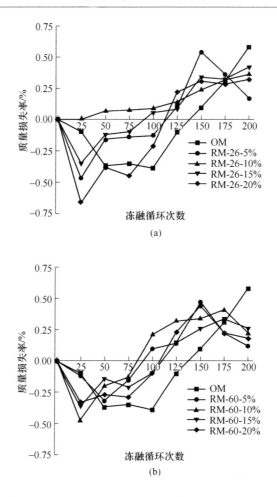

图 6-4　水灰比 0.4 橡胶砂浆冻融循环前后质量损失率

（a）26 目橡胶颗粒；（b）60 目橡胶颗粒

　　水灰比为 0.5 时，如图 6-5 所示，橡胶砂浆的质量损失率也有类似的规律。冻融循环前期，砂浆的质量损失率为负值。在冻融循环达到 75～100 次时，试件的质量损失率为正值，并且慢慢增大，在冻融循环次数达到 175～200 次时，质量损失率开始降低。

　　在水灰比为 0.6 时，如图 6-6 所示，橡胶砂浆的质量损失率的规律更加明显。在冻融循环达到 50 次时，试件的质量损失率为正值，并且慢慢增大，在冻融循环次数达到 150～200 次时，质量损失率开始降低。

　　橡胶砂浆经过 200 次冻融后的抗压强度和强度损失率如图 6-7～图 6-9 所示。橡胶砂浆在 200 次冻融循环后强度与未冻融试件的抗压强度相比，损失率呈现减小的趋势。普通砂浆的强度损失率在不同水灰比下分别为 23.04%、11.79% 和

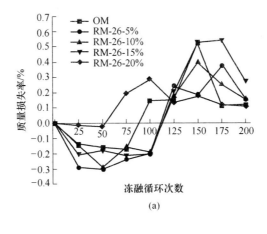

(a)

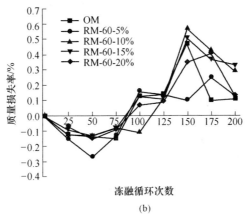

(b)

图 6-5 水灰比 0.5 橡胶砂浆冻融循环前后质量损失率

(a) 26 目橡胶颗粒；(b) 60 目橡胶颗粒

7.75%。说明对于普通砂浆来说，水灰比越大，砂浆的强度损失率越小。当掺入橡胶颗粒后，砂浆的强度损失率较普通砂浆有所降低。

如图 6-7 所示，在水灰比为 0.4 时，掺有 26 目橡胶颗粒的砂浆的强度损失率随着橡胶掺量的增大而降低，分别为 13.89%、8.74%、7.02% 和 2.08%；掺有 60 目橡胶颗粒砂浆的强度损失率也有相似的规律，在掺量达到 20% 时，强度损失率为 8.58%。

如图 6-8 所示，掺有 26 目橡胶颗粒的橡胶砂浆的强度损失率在掺量为 15% 时最小，为 6.02%，之后随着掺量的增大，砂浆的强度损失率也随之减小了；掺有 60 目橡胶颗粒的橡胶砂浆的强度损失率在不同掺量下分别为 1.05%、1.09%、1.99% 和 1.2%。

如图 6-9 所示，橡胶砂浆的强度损失率随着橡胶掺量的增大而增大。掺有 26 目的橡胶砂浆的强度损失率在掺量为 5%、10%、15% 和 20% 时分别为 2.57%、

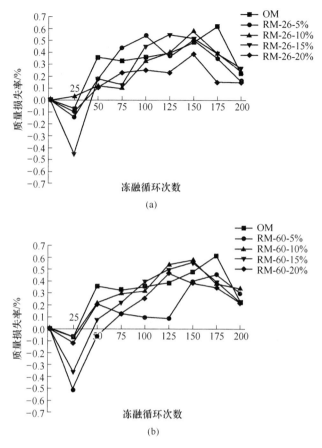

图 6-6　水灰比 0.6 橡胶砂浆冻融循环前后质量损失率

(a) 26 目橡胶颗粒；(b) 60 目橡胶颗粒

26.81%、14.46% 和 20.52%；掺有 26 目的橡胶砂浆的强度损失率在掺量为 5%、10%、15% 和 20% 时分别为 9.19%、9.81%、22.02% 和 18.73%。

冻融循环过程中，砂浆内部孔隙中的水结冰产生的膨胀应力会使砂浆的体积发生一定的变化，而橡胶颗粒本身所具有的弹性性能，通过自身的体积收缩为应力作用引起的膨胀提供一定的释放空间，可以缓解孔隙中的体积膨胀和应力集中；砂浆内部或表面的冰在融化时，橡胶颗粒又能产生弹性收缩，恢复形变，减轻砂浆在冻融循环过程中的损伤。因此橡胶的掺入可以改善砂浆的抗冻性。

普通砂浆提高抗冻的主要措施之一就是掺入一定量的引气剂。橡胶颗粒掺入到砂浆中，可以充当引气剂的作用[118]。这是由于橡胶颗粒表面粗糙不平，在砂浆的拌和过程中会引入空气，使砂浆内部含气量增加，这些气泡也缓解了水在结冰时的膨胀应力，改善砂浆的抗冻性[119]。掺入的橡胶颗粒粒径越小，其引气作用越明显，所以掺有 60 目橡胶颗粒砂浆的抗冻性优于掺有 26 目橡胶颗粒的砂浆。

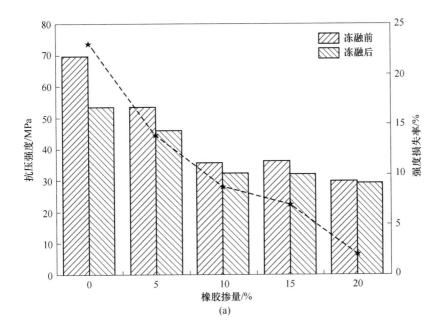

(a)

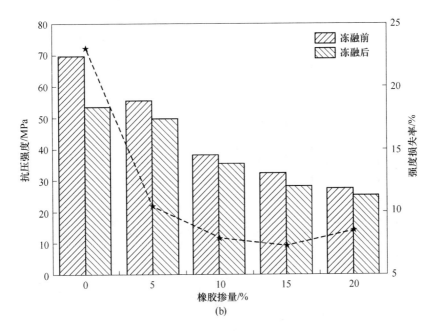

(b)

图 6-7　水灰比 0.4 橡胶砂浆冻融循环前后抗压强度值/强度损失率

（a）26 目橡胶砂浆；（b）60 目橡胶砂浆

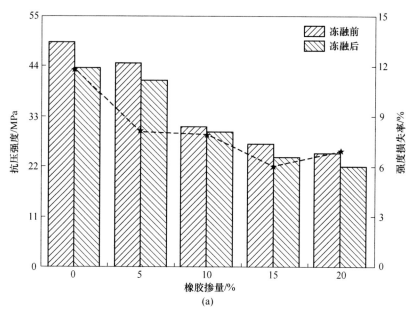

(a)

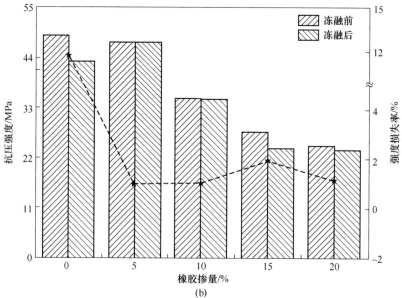

(b)

图 6-8   水灰比 0.5 橡胶砂浆冻融循环前后抗压强度值/强度损失率

（a）26 目橡胶砂浆；（b）60 目橡胶砂浆

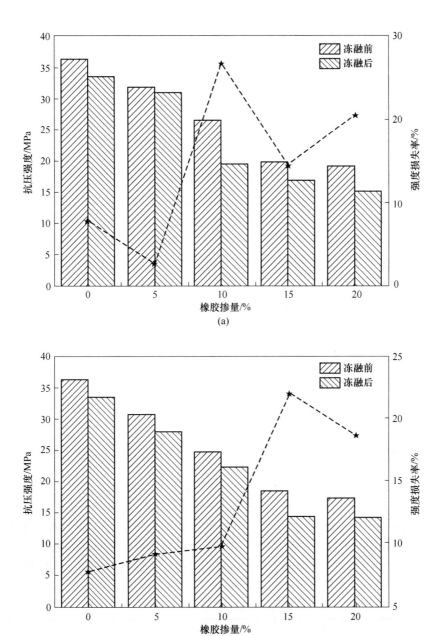

图 6-9 水灰比 0.6 橡胶砂浆冻融循环前后抗压强度值/强度损失率

（a）26 目橡胶砂浆；（b）60 目橡胶砂浆

6.3　碳化性能测试

水泥水化产生的 $Ca(OH)_2$ 使砂浆中孔溶液的 pH 大于 7[120]，而大气中的 CO_2 不断向砂浆内部渗入，溶解于孔溶液，并与 $Ca(OH)_2$ 反应，生成 $CaCO_3$，最终导致砂浆结构被破坏。本试验采用的是中国建筑科学院生产的型号为 CABR-HTX 的碳化箱对橡胶砂浆的碳化深度进行测试。

6.3.1　试验方法

在试验前，将试件从养护室中取出，在烘箱中 60℃ 左右烘 48h 后冷却至室温，除留下相对的两个侧面外，其余表面用加热的石蜡密封。经密封过的试件放入碳化箱内的铁架上，将碳化箱盖严密封，徐徐充入 CO_2，并测定箱内 CO_2 浓度，逐步调节 CO_2 浓度，使其保持在（20±3）%。在整个试验期间箱内的相对湿度保持在（70±5）% 的范围内，温度在（20±5）℃ 之间。碳化到了 7 天、14 天和 28 天时，取出试件，破型以测定其碳化深度，随即喷上浓度 1% 的酚酞酒精溶液。30s 后，用尺子分别测出两侧面的碳化深度。橡胶砂浆在各龄期的平均碳化深度应按式（6-4）计算，碳化深度精确至 1mm。

$$\overline{d_t} = \frac{\sum_{i=1}^{n} d_i}{n} \tag{6-4}$$

式中　$\overline{d_t}$——试件碳化 t 天后的平均碳化深度，mm；

$\quad\quad d_i$——两个侧面上各测点的碳化深度，mm；

$\quad\quad n$——两个侧面上的测点总数。

6.3.2　试验结果及分析

橡胶砂浆碳化试验结果见表 6-5。可以看出，掺入橡胶颗粒后，砂浆的碳化深度与普通砂浆相比都降低了。7 天时，橡胶砂浆的碳化深度增长较快，大于普通砂浆；28 天时，橡胶砂浆碳化速率放慢，小于普通砂浆。橡胶颗粒的加入，对砂浆的抗碳化能力有一定的提升。但并不是掺量越多，抗碳化能力越好。掺量的多少在早期对碳化的影响程度并不明显，碳化后期呈现碳化深度随掺量的增加先减小后增大的趋势。

表 6-5　橡胶砂浆碳化深度

碳化深度/cm	时间/d	7	14	28
0.4	OM	2.9	4.8	10.4
	RM-26-5%	2.6	5.2	9.8

碳化深度/cm	时间/d	7	14	28
0.4	RM-26-10%	3.2	5.3	9.4
	RM-26-15%	3.7	4.9	9.2
	RM-26-20%	3.4	4.6	9.3
	RM-60-5%	2.8	5.4	9.7
	RM-60-10%	3.1	5.8	9.8
	RM-60-15%	3.6	4.9	9.2
	RM-60-20%	2.9	4.7	8.9
0.5	OM	2.8	5.3	11.2
	RM-26-5%	2.9	5.3	10.5
	RM-26-10%	3.9	5.7	10.3
	RM-26-15%	4.1	5.8	10.6
	RM-26-20%	4.6	5.1	10.5
	RM-60-5%	3.1	4.9	10.2
	RM-60-10%	3.8	5.3	10.2
	RM-60-15%	4.2	4.9	10.8
	RM-60-20%	4.8	5.4	10.8
0.6	OM	4.2	6.8	13.3
	RM-26-5%	4.9	6.9	14.8
	RM-26-10%	4.7	7.1	13.7
	RM-26-15%	5.2	6.4	11.4
	RM-26-20%	4.9	5.2	14.5

碳化深度/cm	时间/d	7	14	28
0.6	RM-60-5%	4.2	6.7	14.2
	RM-60-10%	4.6	7.4	13.7
	RM-60-15%	3.7	6.3	12.8
	RM-60-20%	3.2	5.8	12.4

如图 6-10~图 6-12 所示，水灰比为 0.4 时，橡胶砂浆的碳化深度在 7 天、14

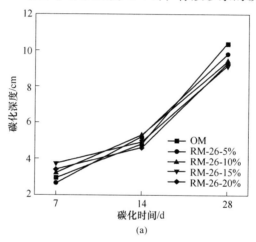

(a)

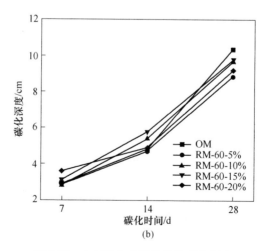

(b)

图 6-10　水灰比 0.4 橡胶砂浆碳化深度

（a）26 目橡胶砂浆；（b）60 目橡胶砂浆

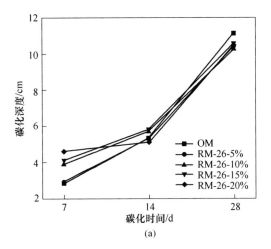

(a)

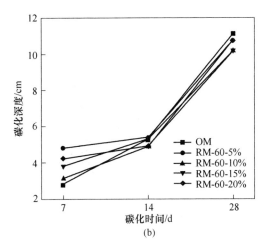

(b)

图 6-11　水灰比 0.5 橡胶砂浆碳化深度
（a）26 目橡胶砂浆；（b）60 目橡胶砂浆

天时大于普通砂浆。28 天时，普通砂浆的碳化持续，并且碳化深度大于未掺橡胶颗粒的碳化深度。碳化后期，橡胶砂浆的抗碳化能力优于普通砂浆。水灰比0.5 时，掺有 26 目、60 目橡胶颗粒的砂浆的早期碳化速率较快，在 7 天、14 天时大于普通砂浆的碳化深度，碳化后期橡胶砂浆的碳化速率减慢。水灰比为 0.6时，掺有 26 目、60 目橡胶颗粒的砂浆的早期碳化速率较快，在 7 天、14 天时大于普通砂浆的碳化深度，碳化后期橡胶砂浆的碳化速率减慢。橡胶的掺入，使之与水泥石间形成的较大界面，砂浆内部孔隙改变，为水和 CO_2 的进入，提供了通道，使橡胶砂浆的早期碳化速率较快，碳化程度较大；橡胶的掺入，阻断了 CO_2等进入与砂浆内部碱性组分发生反应，从而在一定程度上提高砂浆的抗碳化

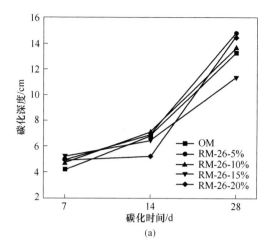

(a)

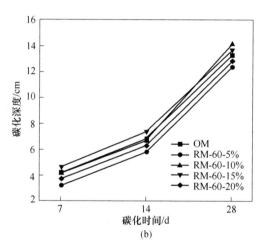

(b)

图 6-12 水灰比 0.6 橡胶砂浆碳化深度
（a）26 目橡胶砂浆；（b）60 目橡胶砂浆

性能。

不同橡胶粒径对砂浆碳化深度的影响如图 6-13 所示。在水灰比为 0.5 时，7 天时，在橡胶掺量 10%时 60 目橡胶砂浆的抗碳化能力最好；14 天时，60 目橡胶砂浆碳化速率增长缓慢，碳化深度小于 26 目橡胶砂浆；28d 时在掺量小于 15% 时，60 目橡胶砂浆小于 26 目橡胶砂浆。在相同配比下，60 目的橡胶砂浆的抗碳化性能较 26 目的砂浆性能好。这说明橡胶粒径对砂浆碳化深度的影响规律不是随着掺量的变化而变化，而是有一个总体的规律。因为橡胶粒径越小，在砂浆中的填充效果也就相对越好，砂浆的密实度也越好，气体在砂浆中的扩散也就越慢。

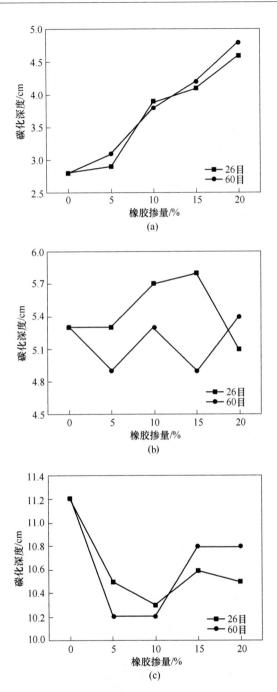

图 6-13 水灰比 0.5 不同粒径橡胶砂浆碳化深度

（a）7d；（b）14d；（c）28d

6.4　小结

（1）随着掺量的增大，橡胶砂浆的氯离子扩散系数都降低了；掺入 26 目橡胶时，不论掺量的多少，橡胶砂浆的氯离子扩散系数都小于普通砂浆。

（2）通过加热处理后试件的氯离子渗透系数较未加热的橡胶砂浆的氯离子渗透系数都降低了。当水灰比为 0.5 时，经过热处理，普通砂浆和掺量为 5%橡胶砂浆的氯离子渗透系数略大于未经过处理的，在橡胶掺量大于 10%时，热处理过后的橡胶砂浆的氯离子渗透系数都小于未经过处理的。

（3）在冻融循环 200 次后，砂浆试件的质量变化量很小，最大也没有超过 1%。而且试件出现一定程度的剥落，但质量并没有很大的损失。橡胶砂浆在 200 次冻融循环后强度与未冻融试件的抗压强度相比，损失率呈现减小的趋势。普通砂浆的强度损失率在不同水灰比下分别为 23.04%、11.79%和 7.75%。当掺入橡胶颗粒后，砂浆的强度损失率较普通砂浆的强度损失率降低了。

（4）掺入橡胶颗粒后，砂浆的碳化深度与普通砂浆相比都降低了。橡胶颗粒的加入，对砂浆的抗碳化能力有一定的提升。

7 橡胶砂浆微观孔结构测试与耐久性机理分析

砂浆的渗透性主要取决于水泥基材料的孔结构，以及其密实性、集料的性质等。若砂浆的密实性较好，那么抗渗性也相对较好。在水泥基材料内部，并不是所有孔隙都是有害孔，除了孔隙率之外，还与孔隙的尺寸、分布等因素有关。因此除了对水泥基材料的耐久性能进行研究以外，还要对其孔结构进行分析。

7.1 毛细吸水测试孔结构

为了进一步探究橡胶砂浆的渗透性，对橡胶砂浆进行了毛细吸水试验。毛细吸水性能是在非饱和状态下，水分通过毛细管力的作用，进入到砂浆内部的过程。毛细吸收系数表示水在毛细管力作用下进入水泥基材料内部的速率。Hall C 等通过试验确立了毛细水传输的"时间平方根"定律，又在大量试验上总结出式（7-1）：

$$y_i = C\sqrt{t_i} + a \tag{7-1}$$

式中　y_i——单位面积吸水量；

　　　C——毛细吸收系数；

　　　t_i——时间；

　　　a——y 轴上的截距。

因此，砂浆单位面积内的吸水量与浸泡时间平方根关系曲线的斜率即为毛细吸收系数。

7.1.1 试验方法

养护 28 天后，将试件用切割设备切割成 20mm 厚的薄片，处理过的试件放在 105℃的真空干燥箱中烘至恒重。待试件冷却至室温后，用石蜡将试件除吸水面的另外 5 个面密封。为了实现水分的单向传输，将吸水的一面浸入水中，并定期观察，维持液面高于吸水面，如图 7-1 所示。试验前记录每个试件的初始质量；试验开始后，定期对切片进行称重，时间间隔随

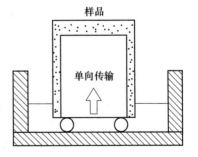

图 7-1　橡胶砂浆毛细吸水
试验装置图

试验的进行而逐渐延长（前期时间间隔为 5min、10min 等，后期时间间隔为 12h、24h）。

7.1.2　试验结果及分析

不同掺量橡胶的砂浆单位面积吸水量和毛细吸收系数如图 7-2~图 7-8 所示。单位面积吸水量都随着毛细吸收时间的延长而逐渐增加，但是时间越长，增长的速率越慢，正如毛细吸收理论方程所料，经 105℃ 干燥后的试件，与水接触后实现单向传输，其毛细吸水量与时间有很好的相关性，符合时间平方根定律。毛细吸收系数随着浸泡时间的增大逐渐变小，最后几乎不再改变。

在水灰比为 0.4 时，如图 7-2（a）所示，掺量在 5% 和 10% 的 26 目橡胶砂浆

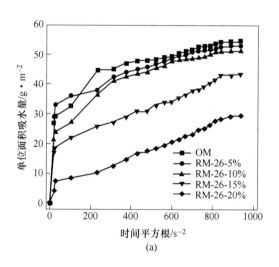

(a)

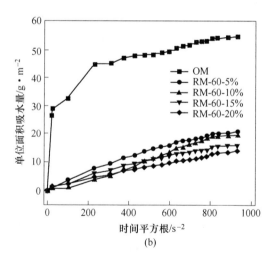

(b)

图 7-2　水灰比 0.4 橡胶砂浆毛细吸水试验

（a）26 目橡胶砂浆；（b）60 目橡胶砂浆

吸水量与普通砂浆相比没有下降太多，分别为 4.9% 和 8.1%，而在橡胶为 15% 和 20% 时，毛细吸水量与普通砂浆相比分别下降了 14.6% 和 41.6%。如图 7-2（b）所示，掺有 60 目橡胶颗粒的水泥砂浆，其毛细吸水量与普通砂浆相比降低了 50% 以上。说明橡胶的掺入有效地降低了砂浆的毛细吸水量。在掺量 5% 时，橡胶砂浆的毛细吸水量最大，在浸泡 250h 时，毛细吸水量仅是普通砂浆的 40.9%。橡胶掺量 15% 时，浸泡 250h 试件的毛细吸水量与橡胶掺量 10% 的砂浆相比降低了 9.4%，橡胶掺量 20% 的砂浆与掺量 10% 的砂浆相比降低了 9.7%。如图 7-3 所示，可以看出，橡胶砂浆的毛细吸收系数随着浸泡时间的增大而减小，到后期变化很小；随着橡胶掺量的增大毛细吸收系数也降低，但差距很小。

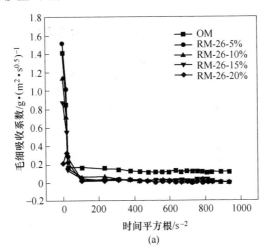

(a)

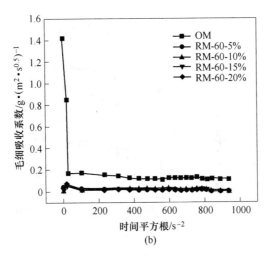

(b)

图 7-3　水灰比 0.4 橡胶砂浆毛细吸收系数

（a）26 目橡胶砂浆；（b）60 目橡胶砂浆

　　在水灰比为 0.5 时，如图 7-4（a）所示，26 目橡胶砂浆的毛细吸水量在橡胶掺量 5% 和 10% 时并未下降很多，在掺量 20% 时，与普通砂浆相比，吸水量降低了 29.8%。如图 7-4（b）所示，橡胶掺量 5% 的 60 目砂浆的毛细吸水量与普通砂浆相比降低了 23.7%；在橡胶掺量 15% 时，毛细吸水量与普通砂浆相比降低了 30.6%；而在橡胶掺量为 15% 和 20% 时，其毛细吸水量相差不大，但与普通砂浆相比已经降低了 67.7% 和 68.7%。如图 7-5 所示，可以看出，橡胶砂浆的毛细吸收系数随着浸泡时间的增大而减小，到后期变化很小；随着橡胶掺量的增大毛细吸收系数也降低，到后面基本不变。26 目橡胶砂浆的毛细吸收系数大于 60 目橡胶砂浆的。

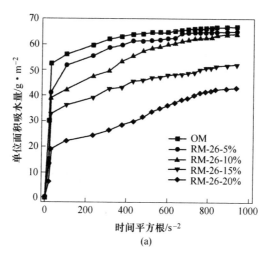

(a)

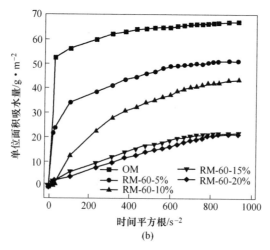

(b)

图 7-4　水灰比 0.5 橡胶砂浆毛细吸水试验

（a）26 目橡胶砂浆；（b）60 目橡胶砂浆

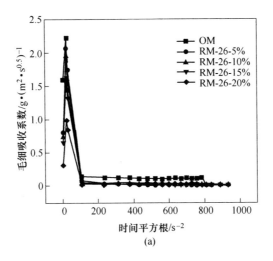

(a)

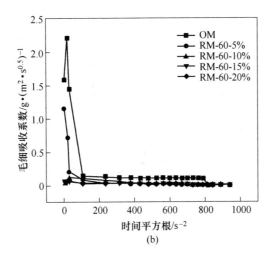

(b)

图 7-5 水灰比 0.5 橡胶砂浆毛细吸收系数
（a）26 目橡胶砂浆；（b）60 目橡胶砂浆

　　水灰比为 0.6 时，如图 7-6（a）所示，26 目橡胶砂浆的毛细吸水量随着橡胶掺量的增多而下降，当橡胶掺量达到 20%时，其毛细吸水量与普通砂浆相比降低了 69.9%。如图 7-6（b）所示，60 目橡胶砂浆的毛细吸水量在橡胶掺量 5%时与普通砂浆相比并未降低很多，在橡胶掺量 10%、15%和 20%时，分别降低了 62.3%、82.1%和 88.3%。如图 7-7 所示，可以看出，橡胶砂浆的毛细吸收系数随着浸泡时间的增大而减小，到后期变化很小；随着橡胶掺量的增大毛细吸收系数也降低，到后面基本不变。26 目橡胶砂浆的毛细吸收系数大于 60 目橡胶砂浆的毛细吸收系数。

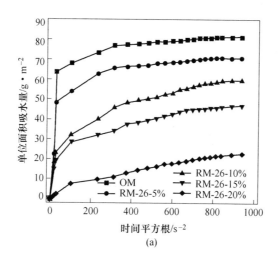

(a)

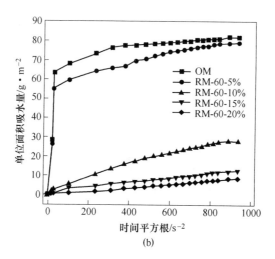

(b)

图 7-6　水灰比 0.6 橡胶砂浆毛细吸水试验

（a）26 目橡胶砂浆；（b）60 目橡胶砂浆

　　可以看出，橡胶的掺入改善了砂浆的渗透性能。橡胶颗粒掺入到水泥砂浆中，由压汞法测出的孔隙率可以看出，随着橡胶掺量的增多，使砂浆内部孔隙增多，改变了砂浆的内部结构，尤其是孔隙结构。而这些孔隙由于橡胶颗粒的存在而形成大量的非连通孔，降低了砂浆的吸水性能。由接触角结果可以看出，正是由于橡胶颗粒的憎水性，降低了毛细孔力的作用，从一定程度上也可以提高砂浆的抗渗性。

　　相较于不同橡胶粒径，掺有小粒径橡胶颗粒的砂浆其毛细吸水量明显小于掺有大粒径橡胶颗粒。当橡胶颗粒以相同掺量掺入到砂浆当中时，粒径越小，与水

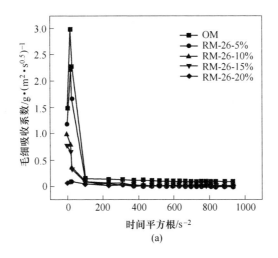

(a)

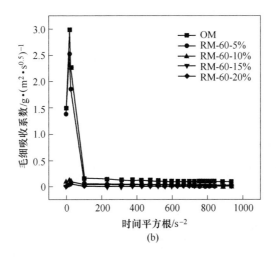

(b)

图 7-7 水灰比 0.5 橡胶砂浆毛细吸收系数

(a) 26 目橡胶砂浆；(b) 60 目橡胶砂浆

泥接触的面积就会越大，会填充孔隙，增加了砂浆的密实性，因此小粒径橡胶颗粒的掺入提高了水泥砂浆抗渗性。

橡胶砂浆 1h、3h、12h 和 24h 的吸水率 W_t 见表 7-1，最大吸水率 W_{max} 取 24h 时的。可以看出，普通砂浆的吸水率最大，掺入橡胶后，随着橡胶掺量的增大，吸水率也在逐渐减小。而正如接触角测试结果，橡胶颗粒的憎水性，使得砂浆孔隙由亲水孔转变为憎水孔，从而降低了砂浆的吸水性。

通过砂浆 1h 吸水率 W_t 和最大吸水率 W_{max} 计算出平均孔径参数 γ；由所得的 γ 和试验测得的不同时间吸水率通过最小二乘法拟合出孔径均匀性参数 α。

表 7-1　橡胶砂浆吸水率

水灰比	编号	W_t /%			
		1h	3h	12	24h
0.4	M	2.33	2.60	3.57	3.60
	RM-26-5%	2.62	2.88	3.04	3.30
	RM-26-10%	1.90	2.16	2.92	3.28
	RM-26-15%	1.47	1.75	2.07	2.17
	RM-26-20%	0.59	0.68	0.81	1.01
	RM-60-5%	0.12	0.29	0.62	0.77
	RM-60-10%	0.07	0.09	0.31	0.43
	RM-60-15%	0.08	0.21	0.46	0.57
	RM-60-20%	0.12	0.18	0.37	0.45
0.5	M	4.19	4.48	4.78	4.98
	RM-26-5%	3.30	4.15	4.43	4.69
	RM-26-10%	3.11	3.37	3.81	3.96
	RM-26-15%	2.62	2.90	3.12	3.41
	RM-26-20%	1.51	1.78	1.94	2.11
	RM-60-5%	1.90	2.72	3.0838	3.28
	RM-60-10%	0.09	0.98	1.79	2.23
	RM-60-15%	0.14	0.45	0.74	0.95
	RM-60-20%	0.17	0.31	0.61	0.77
0.6	M	5.09	5.45	5.86	6.13
	RM-26-5%	3.85	4.32	5.02	5.27
	RM-26-10%	1.87	2.58	3.19	3.67
	RM-26-15%	1.54	2.29	2.56	2.72
	RM-26-20%	0.16	0.63	0.77	0.89
	RM-60-5%	4.40	4.77	5.15	5.27
	RM-60-10%	0.20	0.41	0.86	1.07
	RM-60-15%	0.04	0.27	0.34	0.45
	RM-60-20%	0.04	0.075	0.12	0.16

　　如图 7-8 所示为橡胶砂浆不同掺量下最大吸水率变化曲线。可以看出，随着橡胶掺量的增大，砂浆的最大吸水率都减小了。

　　如图 7-9 所示为砂浆平均孔径参数 γ 随橡胶掺量变化曲线。对于普通砂浆来说，水灰比为 0.4、0.5 和 0.6 时的平均孔径参数 γ 分别为 0.65、0.83 和 0.84。

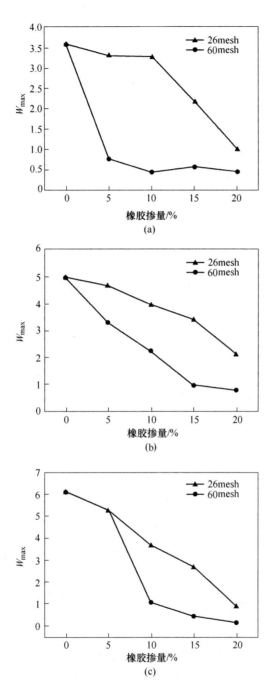

图 7-8 砂浆最大吸水率 W_{max} 随橡胶掺量变化曲线

（a）水灰比 0.4；（b）水灰比 0.5；（c）水灰比 0.6

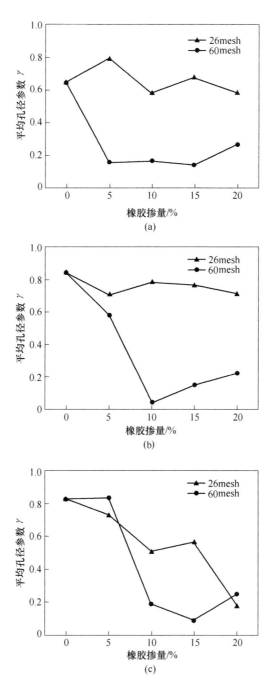

图7-9　砂浆平均孔径参数γ随橡胶掺量变化曲线

（a）水灰比0.4；（b）水灰比0.5；（c）水灰比0.6

掺入橡胶后，26 目橡胶砂浆在水灰比 0.4、0.5 时和普通砂浆相差不大，但是都小于普通砂浆，0.6 水灰比时明显小于普通砂浆的；60 目橡胶砂浆的平均孔径参数 γ 都小于普通砂浆的，并且明显降低了砂浆的平均孔径参数 γ。这说明橡胶的掺入，改善了砂浆的孔径分布，在降低渗透性的同时，减小了大孔的分布和含量。

α 的值在 0~1 之间，α 越大，则均匀性越好。图 7-10 所示为橡胶砂浆的孔径均匀性参数 α 随橡胶掺量变化图。在水灰比 0.4 时，普通砂浆的 α 很小，几乎等于 0；而橡胶的掺入，α 明显增大，且随着掺量的增大而增大，掺量 15% 的 60 目橡胶砂浆的 α 为 0.617。在水灰比 0.5 时，普通砂浆的 α 很小，几乎等于 0；26 目橡胶砂浆的 α 与普通砂浆相比略有提高，60 目橡胶颗粒对 α 的改善作用很明显。水灰比 0.6 的橡胶砂浆也有相似的规律。说明橡胶的掺入，尤其是小粒径橡胶颗粒，对砂浆孔结构改善作用更明显，孔隙更加均匀。

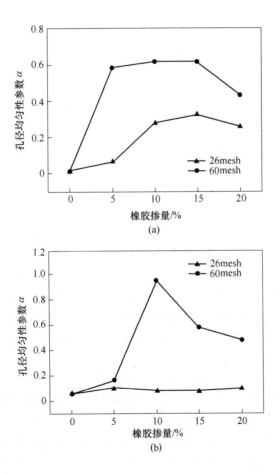

(a)

(b)

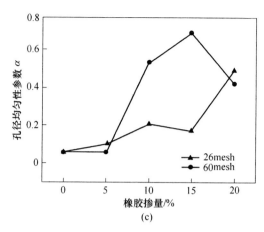

图 7-10　橡胶砂浆的孔径均匀性参数 α 随橡胶掺量变化曲线

（a）水灰比 0.4；（b）水灰比 0.5；（c）水灰比 0.6

7.2　橡胶水泥砂浆渗透机理

通过橡胶砂浆孔结构测试结果，橡胶的掺入增大了砂浆的孔隙率，孔隙率随着橡胶掺量的增大而增大；橡胶掺量较高时，砂浆试件中凝胶孔所占总孔隙的比例下降，大孔数量增多。而接触角测试结果显示蒸馏水、水泥净浆泌水在橡胶颗粒表面是不易润湿的，说明了橡胶颗粒的憎水性，而这一性能对水泥砂浆的结构会有一定的影响。

水分在橡胶砂浆孔隙中的渗透，和砂浆内部孔隙率、孔隙结构等有关。橡胶砂浆的孔结构形成机理与普通砂浆孔隙的形成过程都是由于水泥颗粒水化反应生成 C-S-H 凝胶进而填充了砂浆的内部孔隙。橡胶颗粒本身具有的比表面积大、憎水性等性质，使橡胶砂浆内部孔隙结构又有其自身的特点。橡胶属于高分子材料，表面主要是 C—C、C＝C 和 C—H 键；而水泥主要的水化产物是 C-S-H 凝胶和 $Ca(OH)_2$ 晶体，分子间主要的链接方式是氢键和范德华力。因此，橡胶颗粒与水化产物、未水化水泥之间只有范德华力的作用。从扫描电镜测试中观察到橡胶颗粒与水泥石部分有明显的裂缝，形成了橡胶砂浆内部通路，为水分和侵蚀介质在砂浆内部传输提供了条件。

在毛细吸水试验中得出了初步结论：橡胶砂浆的毛细吸水量随着橡胶掺量的增多而下降；橡胶的掺入改善了砂浆的渗透性能。如图 7-11 所示，橡胶颗粒掺入到水泥砂浆中，随着橡胶掺量的增多，改变了砂浆的内部结构，尤其是孔隙结构，形成大量的非连通孔，降低了砂浆的吸水性能。橡胶砂浆平均孔径降低，而孔径均匀性增大。虽然橡胶砂浆总孔隙率增大，但由于憎水性的橡胶颗粒掺入到砂浆中，使砂浆毛细孔由亲水性转变为憎水孔，降低了毛细孔力的作用，从一定

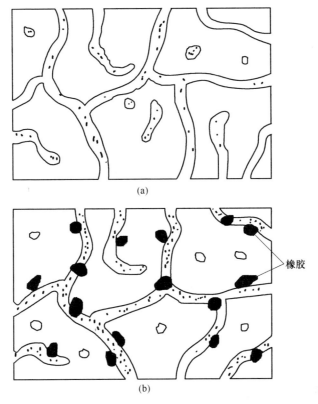

图 7-11　砂浆毛细孔示意图

（a）普通砂浆毛细孔；（b）橡胶砂浆毛细孔

程度上也可以提高砂浆的抗渗性。

　　因此，橡胶颗粒的掺入，在增加砂浆毛细孔含量、增大渗透性的同时，又引入气泡，形成一部分非连通孔，阻断水分的渗入，而降低了砂浆的渗透性。

　　砂浆的孔隙结构、渗透性也影响着耐久性。对于氯离子渗透和冻融性能，都是由于水或侵蚀介质在砂浆孔隙中的迁移而对砂浆结构产生一定的破坏。而碳化则是 CO_2 等酸性气体由孔隙进入到砂浆内部从而与砂浆内部组分发生一系列反应而使结构破坏。耐久性能与砂浆内部的孔隙大小、结构等有着密切的关系。各种侵蚀介质都是随着水分从砂浆内部孔隙的渗入从而与砂浆内部组分发生反应而对其结构产生破坏的。橡胶掺入到砂浆内部，虽然增大了砂浆的毛细孔含量，但由于其自身的憎水性，阻断了这些孔隙的连通性，因此降低了砂浆的渗透性。因此，橡胶的掺入降低砂浆渗透性的同时也对其耐久性起到了改善作用，从第 4 章试验结论也可以看出，这为橡胶砂浆在工程上进一步的应用提供了提论基础。

7.3　小结

（1）橡胶的掺入，使砂浆的吸水量降低；橡胶掺量增多，毛细吸水量也相应降低，其毛细吸水量与时间有很好的相关性；毛细吸收系数随着浸泡试件的延长而不再增大；通过吸水率测得平均孔径参数随着橡胶掺量的增大而减小；孔径均匀性随掺量的增大而增大。

（2）橡胶掺入到砂浆内部，虽然增大了砂浆的毛细孔含量，但由于其自身的憎水性，阻断了这些孔隙的连通性，因此降低了砂浆的渗透性。因此，橡胶的掺入降低砂浆渗透性的同时也对其耐久性起到了改善作用。

参 考 文 献

[1] 潘少军. 回收利用废旧轮胎："绿产业"为啥戴了"黑帽子"[N/OL]. 人民日报,
[2012-2-9]. http：//env. people. com. cn/GB/17064684. html.

[2] 岳现杰, 许冠英. 废旧轮胎回收利用现状及污染防治对策研究 [J]. 工业安全与环保,
2010, 36（1）：37~39, 59.

[3] 任志伟, 孔安, 高全胜. 我国废旧轮胎的回收利用现状及前景展望 [J]. 中国资源综合
利用, 2009, 27（6）：12~14.

[4] 黄菊文. 废旧轮胎热解资源化技术研究进展 [J]. 化工进展, 2010, 29（11）：2159~2164.

[5] 刘晓锋. 废胶粉裂解产物分析 [J]. 环境保护, 2008（14）：69~71.

[6] 李方. 废胎土法炼油：可怕的黑色灾难 [N]. 中国化工报, 2006. 11. 14.

[7] Wang H Y, Chen B T, Wu Y W. A study of the fresh properties of controlled low-strength rubber
lightweight aggregate concrete（CLSRLC）[J]. Construction and Building Materials, 2013, 40
（1）：526~531.

[8] Reitor P. Aedes albopictus and the world trade in used tires, 1988—1995：the shape of things to
come [J]. Journal of the American Mosquito Control association, 1998, 14（1）：83~94.

[9] 李悦, 王玲. 橡胶集料混凝土研究进展综述 [J]. 混凝土, 2006（4）：91~93, 95.

[10] Khatib Z K, Bayomy F M. Rubberized portland cement concrete [J]. ASCE Journal of Materials
in Civil Engineering, 1999, 11（3）：206~213.

[11] Eldin N N, Senouci A B. Rubber-tire particles as concrete aggregate [J]. Journal of materials in
civil engineering, 1993, 5（5）：478~496.

[12] Savas B Z, Ahmad S, Fedroff D. Freeze-thaw durability of concrete with ground waste tire
rubber [J]. Transportation Research Record, 1996, 157（4）：80~88.

[13] Herna′ndez O F, BARLUENGAA G, Bollatib M. Static and dynamic behavior of recycled tyre
rubber-filled concrete [J]. Cement and Concrete Research, 32（10）：1587~1596.

[14] Thonc O. Crumb Rubber in Mortar Cement Application [D]. Arizona：Arizona State
University, 2001.

[15] Segre N, Joekes I. Use of tire rubber particles as addition to cement paste [J]. Cement and
Concrete Reseach, 2000, 30（9）：1421~1425.

[16] Raghvan D, Huynh H, Ferrafis C F. Workability, mechanical properties and chemical stability of
a recycled tire rubber-filled cementitious composite [J]. Journal of Materials Science, 1998, 33
（7）：1745~1752.

[17] Xu X. Study on mechanical behavior of rubber-sleeved studs for steel and concrete composite
structures [J]. Construction and Building Materials, 2014（53）：533~546.

[18] 刘刚, 方坤河, 高钟伟. 高强混凝土的增韧减脆措施研究 [J]. 混凝土, 2004（4）：
38~42.

[19] Toutanj H A. The use of rubber tire particles in concrete to replace aggregates [J]. Cement and

Concrete Composite, 1996, 18（2）：135~139.

[20] 刘学艳，刘彦龙，杨宝珍．胶粒混凝土在道路工程中的应用［J］．东北林业大学学报，2006，34（2）：111~112.

[21] Topcu I B. The properties of rubberized concretes［J］．Cement and Concrete research, 1995,（25）：304~310.

[22] Ali N A, Amos A D, Roberts M. Use of ground rubber tires in portland cement concrete［C］．The international conference of concrete 2000, University of Dundee, UK, 1993：379~390.

[23] Fattuhi N L, Clark L A. Cement-based materials containing shredded crap truck tyre rubber［J］．Construction and building materials, 1996, 10（4）：229~236.

[24] 宋少民．橡胶粉增韧混凝土的研究［D］．武汉：武汉工业大学，2000.

[25] 陈振富，柯国军，胡绍全．橡胶混凝土小变形阻尼研究［J］．噪声与振动控制，2004，24（3）：32~34.

[26] 李悦，Xi Y P. 废橡胶改性混凝土的研究［C］．第九届全国水泥和混凝土化学及应用技术年会，广州，2005：444~449.

[27] Benazzouk A, Douzane O, Queneudec M. Transport of fluids in cement-rubber composites［J］．Cement and concrete composite, 2004, 26（1）：21~29.

[28] Siddique R, Naik T R. Properties of concrete containing scrap-tire rubber-an overview［J］．Waste Management, 2004, 24（6）：563~569.

[29] 胡鹏，朱涵，王旻．橡胶集料混凝土渗透性能的研究［J］．天津理工大学学报，2006，22（4）：8~12.

[30] 胡鹏，朱涵．掺橡胶细粒混凝土的渗透性与微观结构［J］．混凝土与水泥制品，2007，（2）：4~6.

[31] 胡鹏，朱涵，潘翠萍，等．橡胶集料混凝土强度与渗透性的关系［J］．四川建筑，2008，28（1）：218~220.

[32] 张亚梅，陈胜霞，高岳毅．浸-烘循环作用下橡胶水泥混凝土的性能研究［J］．建筑材料学报，2005，8（6）：665~671.

[33] 王开惠，朱涵，祝发珠．氯盐侵蚀环境下橡胶集料混凝土的力学性能研究［J］．长沙交通学院学报，2006，22（4）：38~42.

[34] 欧兴进，朱涵．橡胶集料混凝土氯离子渗透性试验研究［J］．混凝土，2006（3）：46~49.

[35] 史巍，张雄，陆沈磊．橡胶粉水泥砂浆隔声功能研究［J］．筑材料学报，2005，8（5）：553~557.

[36] Benzzzouk A, Douzane O, Mezre K. Thermal conductivity of cement composites containing rubber waste particles：Experimental study and modeling［J］．Construction and Building Materials, 2008, 22（2）：573~579.

[37] Herna'ndez O F, Barluenga G. Fire performance of recycled rubber-filled high-strength concrete

[J]. Cement and Concrete Research, 2004, 34 (1): 109~117.

[38] 李丽娟, 谢伟锋, 陈智泽. 橡胶粉改性高强混凝土高温前后性能研究 [J]. 混凝土, 2007 (2): 11~15.

[39] Rostami H, Lepore J, Silverstraim T. Use of recycled rubbertires in concrete [J]. In: Dhir, R K, Proceedings of the International conference on Concrete 2000. University of Dundee, Scotland, UK: 1993: 391~399.

[40] 于利刚, 余其俊, 刘岚, 等. 废橡胶胶粉在砂浆混凝土中应用的研究进展 [J]. 硅酸盐通报, 2007, 26 (6): 1148~1152.

[41] 管学茂, 张海波, 张文艳, 等. 胶粉表面改性对胶粉砂浆力学性能的影响研究 [J]. 材料导报, 2007, 21 (12A): 65~69.

[42] 黄少文, 徐玉华. 废旧轮胎胶粉对水泥砂浆力学性能的影响 [J]. 南昌大学学报 (工学版), 2004, 26 (4): 53~55.

[43] 郭灿贤, 黄少文, 徐玉华, 等. 用于水泥混凝土的废轮胎胶粉的改性方法研究 [J]. 混凝土, 2006 (1): 60~62.

[44] 史新亮. 废旧轮胎橡胶路面混凝土性能研究 [D]. 焦作: 河南理工大学, 2010.

[45] Khalid B, Najim, Matthew R H. Mechanical and dynamic properties of self-compacting crumb rubber modified concrete [J]. Construction and Building Materials, 2012, 27 (1): 521~530.

[46] 尤伟. 橡胶粉改性水泥混凝土路用性能的研究 [D]. 桂林: 桂林理工大学, 2009.

[47] 周梅. 橡胶集料混凝土力学及收缩性能的试验研究 [J]. 硅酸盐通报, 2010, 29 (6): 1456~1462.

[48] Khaloo A R, Dehestani M, Rahmatabadi P. Mechanical properties of concrete containing a high volume of tire-rubber particles [J]. Waste Manage, 2008, 28 (12): 2472~2482.

[49] 朱涵, 刘春生, 张永明, 等. 橡胶集料掺量对混凝土压弯性能的影响 [J]. 天津大学学报, 2007, 40 (7): 761~765.

[50] Taha M M R. Mechanical, fracture, and microstructural investigations of rubber concrete [J]. Journal of Materials in Civil Engineering, 2008, 20 (10): 640~649.

[51] Sukontasukkul P, Chaikaew C. Properties of concrete pedestrian block mixed with crumb rubber [J]. Construction Building Materials, 2006, 20 (7): 450~457.

[52] 朱晓斌, 洪锦祥, 万赟. 橡胶微粒改善混凝土韧性试验研究 [J]. 江苏建筑, 2009 (4): 84~86.

[53] Topcu I B, Avcular N. Collision behaviours of rubberized concrete [J]. Cement and Concrete Research, 1997, 27 (12): 1893~1898.

[54] Atahan A O, Sevim U K. Testing and comparison of concrete barriers containing shredded waste tire chips [J]. Material Letter, 2008, 62 (21): 3754~3757.

[55] 史巍, 张雄, 陆沈磊. 橡胶粉水泥砂浆隔声功能研究 [J]. 建筑材料学报, 2005, 5 (5): 553~557.

[56] Piti S. Use of crumb rubber to improve thermal and sound properties of pre-cast concrete panel

[J]. Construction and Building Materials, 2009, 23 (2)：1084~1092.

[57] Yesilata B, Isiker Y. Thermal insulation enhancement in concretes by adding waste PET and rubber pieces [J]. Construction and Building Materials, 2009, 23 (5)：1878~1882.

[58] Benazzouk A, Douzane O. Physico-mechanical properties of aerated cement composites containing shredded rubber waste [J]. Cement and Concrete Composites, 2006, 28 (7)：650~657.

[59] 陈波, 张亚梅, 陈胜霞. 橡胶混凝土性能的初步研究 [J]. 混凝土, 2004(12)：37~39.

[60] Richardson A E, Coventry K A. Freeze/thaw protection of concrete with optimum rubber crumb content [J]. Journal of Cleaner Production, 2012, 23 (1)：96~103.

[61] 何政, 严捍东, 王全凤. 废旧胶粉（粒）对轻骨料水泥砂浆强度的影响 [J]. 新型建筑材料, 2006 (2)：8~10.

[62] 董建伟, 袁琳, 朱涵. 橡胶集料混凝土的试验研究及工程应用 [J]. 混凝土, 2006 (7)：69~71, 78.

[63] Albano C, Camacho N, Reyes J. Influence of scrap rubber addition to Portland I concretecomposites：Destructive and non-destructive testing [J]. Composite Structures, 2005, 71 (3-4)：439~446.

[64] 熊杰, 郑磊, 袁勇. 废橡胶混凝土抗压强度试验研究 [J]. 混凝土, 2004(12)：40~42.

[65] 杨铮, 谢友均, 龙广成. 橡胶颗粒对砂浆强度影响的试验研究 [J]. 粉煤灰综合利用, 2006 (1)：20~21.

[66] 王雯, 朱涵, 胡鹏. 结构用橡胶轻集料混凝土的性能实验研究 [J]. 天津理工大学学报, 2007, 23 (1)：22~26.

[67] Liu Y. Mechanical properties of a waterproofing adhesive layer used on concrete bridges under heavy traffic and temperature loading [J]. International Journal of Adhesion and Adhesives, 2014 (48)：102~109.

[68] Eldin N N, Senouci A B. Measurement and prediction of the strength of rubberized concrete [J]. Cement and Concrete Composite, 1994, 16 (4)：287~298.

[69] 刘春生, 朱涵, 李志国. 橡胶集料混凝土抗压细观数值模拟 [J]. 低温建筑技术, 2006 (2)：1~3.

[70] 刘锋, 潘东平, 李丽娟, 等. 橡胶混凝土应力和强度的细观数值分析 [J]. 建筑材料学报, 2008, 11 (2)：144~151.

[71] 王亚明, 刘岚, 傅伟文, 等. 废胶粉的改性及其在砂浆中的应用 [J]. 化工进展, 2006, 25 (7)：820~824, 836.

[72] 刘日鑫, 侯文顺, 徐永红, 等. 废橡胶颗粒对混凝土力学性能的影响 [J]. 建筑材料学报, 2009, 12 (3)：341~344, 340.

[73] 刘阳生, 白庆中, 李迎霞, 等. 废轮胎的热解及其产物分析 [J]. 环境科学, 2000, 21 (6)：85~88.

[74] Olazar M, Lopez G, Arabiokurrutia M. Kinetic modeling of tyre pyrolysis in a conical spouted

bed reactor [J]. Journal of Analytical and Applied Pyrolysis, 2008 (81): 127~132.

[75] 黄科, 高庆华, 唐黎华, 等. 废轮胎的热解行为 [J]. 华东理工大学学报 (自然科学版): 2005, 31 (5): 567~570.

[76] 崔洪, 杨建丽, 刘振宇. 废旧轮胎热解行为的 TG/DTA 研究 [J]. 化工学报, 1999, 50 (6): 826~833.

[77] 陈磊, 李彬, 滕桃居, 等. 混凝土高温力学性能分析 [J]. 混凝土, 2003 (7): 26~28.

[78] Poon C S, Salman A, Mike A. Comparison of the strength and durability performanee of normal and highstrength pozzolanie eoneretes at elevated temperature [J]. Cement and Conerete Researeh, 2001 (9): 1291~1300.

[79] 李友群, 苏建波, 等. 高强混凝土的抗火灾高温性能研究概述 [J]. 混凝土, 2009 (2): 24~26.

[80] 孟庆超. 混凝土耐久性与孔结构影响因素的研究 [D]. 哈尔滨: 哈尔滨工业大学, 2006.

[81] Haibo Zhang, Gou M, Liu X, et al. Effect of rubber particle modification on properties of rubberized concrete [J]. Journal of Wuhan University of Technology, 2014, 29 (4): 763~768.

[82] 贺霞, 史庆轩, 刘元展. 混凝土渗透性的影响因素及改善措施 [J]. 科学技术与工程, 2007, 7 (20): 5430~5433.

[83] 管学茂, 张海波. 胶粉表面改性对胶粉砂浆力学性能的影响研究 [C]. 全国水泥和混凝土化学及应用技术会议, 2007.

[84] 彭建新, 夏伟, 张建仁, 等. 预应力混凝土中氯离子扩散模型分析 [J]. 交通科学与工程, 2015, 31 (3): 73~77.

[85] 何富强. 硝酸银显色法测量水泥基材料中氯离子迁移 [D]. 长沙: 中南大学, 2010.

[86] 方璇, 韩建德, 王曙光, 等. 静力弯曲荷载作用下双掺混凝土氯离子侵蚀的试验研究 [J]. 混凝土, 2016 (2): 21~25.

[87] 吴国坚, 翁杰, 俞素春, 等. 混凝土碳化速率多因素影响试验研究 [J]. 新型建筑材料, 2014, 41 (6): 33~40.

[88] 冯乃谦, 邢锋. 高性能混凝土技术 [M]. 北京: 原子能出版社, 2000.

[89] Richardson A. Crumb rubber used in concrete to provide freeze-thaw protection [J]. Journal of Cleaner Production, 2016 (112) Partl: 599~606.

[90] 范昕然. 混凝土抗冻性研究 [J]. 东北水利水电, 2016, 34 (3): 48~52.

[91] Steven H. Kosmataka, Beatrix Kerkhoff, William C. Panarese. 混凝土设计与控制 [M]. 重庆大学出版社, 2005.

[92] Banres B D, Diamonds, Dolch W L. The Contact Zone between Portland Cement Paste and Glass'Aggregate'Surfaces [J]. Cement and Concrete Research, 1978, 8 (2): 233~244.

[93] Barnes B D, Diamond S, Dolch W L. Micromorphology of the Interfacial Zone Around Ag gregates in Portland Cement Mortar [J]. Journal of American Ceramic Society, 1979, 62 (1/2): 21~24.

[94] Zampini D, Shah S P. Early Age Microstructure of the Paste-Aggregate Interface and Its Evolu-

tion［J］. Journal of Materials Research, 1998, 13（7）: 1888~1898.

［95］ Derooij M R. Syneresis in Cement Paste Systems［D］. Delft: FelftL Delft University Press, 2000.

［96］ Grandet J, Ollivier P. Orientation des hydrates au contact des granulats［C］, In: Proceedings of the 7th Internationsl congress on the Chemistry of Cement, Paris: Editions Septima. Vol. Ⅲ, 1980, Ⅶ. 63~68.

［97］ Grandet J, Ollivier P. Nouvelle method edetude des interface ciments-granulats［C］, In: Proceedings of the 7th Internationsl Congress on the Chemistry of Cement, Paris: Editions Septima. Vol. Ⅲ, 1980, Ⅶ. 85~89.

［98］ 陈惠苏. 水泥基复合材料集料-浆体界面过渡区微观结构的计算机模拟及相关问题研究［D］. 长沙: 东南大学, 2003.

［99］ 杨林虎, 朱涵, 张亚梅. 橡胶集料对水泥砂浆孔结构的影响［J］. 天津大学学报, 2011, 44（12）: 1083~1087.

［100］ 肖焕秀, 敖宁建, 谭海生. 聚硅氧烷对天然橡胶表面耐溶剂性的影响［J］. 弹性体, 2007, 17（6）: 1~4.

［101］ 刘春生, 朱涵. 橡胶集料表面特性对混凝土渗透性的影响［J］. 商品混凝土, 2009（12）: 41~44.

［102］ 天津大学物理化学教研室. 物理化学［M］. 5 版. 北京: 高等教育出版社, 2009: 125.

［103］ 天津大学物理化学教研室. 物理化学［M］. 5 版. 北京: 高等教育出版社, 2009: 157~158.

［104］ 王晓东, 彭晓峰, 闰敬春, 等. 接触角滞后现象的理论分析［J］. 工程热物理学报, 2002, 23（1）: 67~70.

［105］ Berger R L, Cahn D S, Mcgregor J D. Calcium hydrocide as a binder in portland cement paste［J］. Journal of America ceramic society, 1970, 53（1）: 57~58.

［106］ 袁润章. 胶凝材料学［M］. 2 版. 武汉: 武汉工业大学出版社, 1996: 121~140.

［107］ 宋晓岚, 黄学辉. 无机材料科学基础［M］. 北京: 化学工业出版社, 2012: 300~303.

［108］ 吴中伟. 高性能混凝土［M］. 北京: 中国铁道出版社, 1999, 22~25。

［109］ 林孔勇, 等. 橡胶工业手册［M］. 北京: 化学工业出版社, 1993.

［110］ 李远, 张海波, 田地, 等. PMA-MPEG 型聚羧酸系高效减水剂合成［J］. 河南建材, 2009（1）: 69~70.

［111］ 刘加平, 尚燕, 缪昌文, 等. 聚羧酸系减水剂引气方式对混凝土性能的影响［J］. 建筑材料学报, 2011, 14（4）: 528~531.

［112］ 侯浩波. 碾压混凝土魏结构与渗透特性的分析研究［D］. 武汉: 武汉大学, 2000.

［113］ 吴中伟. 高性能混凝土［M］. 北京: 中国铁道出版社, 1999: 22~25.

［114］ Zhan B, Bicanic N, Pearce C J. Relationship between brittleness and moisture loss of concrete exposed to high temperatures［J］. Cement and Concrete Research, 2002, 32（3）: 363~371.

［115］ Martys N S, Ferraris C F. Capillary transport in mortars and concrete［J］. Cement and Concrete Research, 1997, 27（5）: 747~760.

［116］陈建中. 用吸水动力学法测定混凝土的孔结构参数［J］. 混凝土及加筋混凝土, 1989
（6）: 9~13.

［117］王开惠, 朱涵, 祝发珠. 橡胶集料砂浆试件抗硫酸盐侵蚀性能初探［J］. 山东建筑大
学学报, 2007, 22（1）: 3~7.

［118］李志岩, 李志为. 橡胶颗粒混凝土性能及应用［J］. 商品与质量·理论研究, 2014
（3）.

［119］陈爱玖, 王静, 马莹. 钢纤维橡胶再生混凝土的抗冻性试验［J］. 复合材料学报, 2015,
32（4）: 933~941.

［120］赵海鑫. 水泥基饰面砂浆泛碱影响因素和表征方法及抑制措施研究［D］. 重庆: 重庆
大学, 2015.

冶金工业出版社部分图书推荐

书 名	作 者	定价(元)
材料化学实验教程	汪丽梅 窦立岩	16.00
大学化学（第2版）	牛盾	32.00
大学化学实验	牛盾 王育红 王锦霞	12.00
分析化学	张跃春	28.00
分析化学简明教程	张锦柱	23.00
工业分析化学	张锦柱 等	36.00
化工基础实验	马文瑾	19.00
煤化学（第2版）	何选明	49.00
煤化学产品工艺学（第2版）	肖瑞华 白金锋	46.00
煤焦油化工学（第2版）	肖瑞华	38.00
水分析化学（第2版）	聂麦茜 吴蔓莉	17.00
无机化学	孙挺 张霞	49.00
无机化学	邓基芹	36.00
无机化学实验	张霞	26.00
无机化学实验	邓基芹	18.00
物理化学	邓基芹	28.00
物理化学（第4版）	王淑兰	45.00
冶金电化学原理	唐长斌 薛娟琴	50.00
冶金物理化学教程（第2版）	郭汉杰	45.00
有机化学（第2版）	聂麦茜	36.00
有机化学实验绿色化教程	刘峥 等	28.00
有色金属分析化学	梅恒星	46.00
辅助性胶凝材料在水泥中的反应机理研究	冯春花	44.00